공학하는 여자들

공학 하는 여자들

손소영 임혜숙 최진희 이레나 김정선 지음

한국여성과총 기획 | 김아리 정리

메디치

공대를 선택하는 여학생이 적은 이유로는, '공학은 남성의 영역' '여자가 기계를 다루는 건 이상해'라는 편견이 가장 클 것이다. 사실 IT 소프트웨어 원리의 기반인 '알고리즘'을 발견한 사람(에이다 러브레이스)도, 무선 통신기술을 만들어 '와이파이' 발전에 큰 기여를 한 사람도 여성(헤디 라마)이었다. 《공학 하는 여자들》은 편견에 맞선 여성 공학자 다섯 명의 일과 삶을 통해 공학은 원래 여성의 분야라고 '쿨'하게 선언하는 듯하다. 아직도 "여자가 공학을?" 하며 고개를 갸우뚱하는 사람들에게, 공학을 선택하길 주저하는 여학생들에게 롤 모델을 제시하는 필독서이다.

한화진 _ 한국여성과학기술인지원센터 소장

현대 사회는 여성이 움직인다. 여성들의 영역은 예술과 과학뿐 아니라 공학으로 확장된 지 오래다. 그들은 남성들보다 불리한 조건에서 스스로 자기의 길을 열었다. 문을 연 개척자가 있으면 다음 세대는 굳이 개척자가 아니더라도 같은 길을 갈 수 있어야 한다. 그런데 정작 우리는 그들을 잘 모른다. 각 분야의 여성 공학자 다섯 명이 자신의 인생을 털어놓았다. 이 책을 읽은 젊은 여성들은 선배들의 어깨 위에서 더 넓은 세상을 볼 수 있을 것이다.

이정모 _ 서울시립과학관장

나는 스무 살 무렵 공과대학에 입학한 뒤로 한순간도 공학 분야를 떠나지 않았지만, 공학하는 여성들을 만날 기회는 매우 적었다. 그들이 어떻게 오늘에 이르렀는지, 어떤 어려움을 겪었는지, 지금은 어떤 꿈을 꾸고 있는지 짐작하지 못했다. 이런 점에서 나와 다르지 않을 남성 공학자들에게 이 책을 권하고 싶다. 여성 공학자와 여성 엔지니어, 이공계 여학생들을 이해하는 데 큰 도움을 받을 것이다. 또한 왜 지금 시대에 여성 공학자들이 한층 탁월함을 발휘할 수 있는지 그 까닭을 이해하게 될 것이다. 4차산업혁명 시대에는 인문학, 사회학, 생물학, 공학 등의 융·복합이 중요하기 때문이다.

권오경 _ 한국공학한림원 회장(한양대학교 교수)

20여 년 전 IMF 금융위기 때, 박세리 선수는 한국 여성 골프에 신기원을 열며 전 국민에게 희망을 주었다. LPGA 챔피언십과 US 여자 오픈에서 연이어 우승을 거둔 것이다. 그 이후, 박 선수를 멘토로 삼은 '박세리 키즈'들이 무섭게 성장했고, 요즘은 모든 세계 경기에서 한국 선수들이 상위권에 늘 포진한다. 멘토는 강력한 힘을 발휘한다. 과학과 공학 분야에서도 이 책의 저자 분들을 길잡이 삼아, 연구와 벤처에서 성과를 거두길 바란다.

권순신 _ 대전동신과학고등학교 교사, 2016년 올해의 과학교사상 수상자

《과학 하는 여자들》을 출간한 지 1년이 되었습니다. 그동안 과학 하는 여자들과 과학 할 여자들 모두 꿈에 좀 더 가까이 갔을까요? 서문에 앞서 곰곰이 생각해 봅니다. 일상에서 여성 과학자를 쉽게 만나기 어렵고 그들이 좋은 일자리를 만나기가 어렵다는 고민에서 시작한 이 출판 기획은 두 번째 성과로 '공학 하는 여자들'이라는 열매를 맺었습니다.

'과학 하는 여자들' 중에서 특히 '공학 하는 여자들'에 주목해야 할 이유는 무엇일까요? 첫째, 4차 산업혁명의 최전선에 공학이 있기 때문입니다. 둘째, 그럼에도 여전히 여성 공학도는 부족합니다. 마지막으로, 새로운 시대의 공학에선 그간 여성이 보여줬던 융·복합적인 특징이 매우 큰 장점으로 발휘될 것이 확실합니다.

이공계 여학생 비율은 10년간 꾸준히 성장해 2010년 30%를 넘으며 전체 비율이 늘었습니다.(한국여성과학기술인지원센터) 하지만 자연계열에 비해 공학계열 여학생은 여전히 적은 실정이며, 여성 전임교수 또한 자연계열이 약 30%인 반면 공학계열은 5.4%에 불과하여 공학 하는 여자들을 위한 롤 모델의 부재가 큰 실정입니다.

1권에서는 과학계의 소수자라는 처지에서 공부하고 일하면서 여러 장애물을 극복하는 여성 과학자의 진솔한 이야기를 성장 과정과 잘 섞어 냈다면, 2권에서는 과학자로서 경력과 진로를 찾아가는 과정과 방식 소개에 집중했습니다.

2권에서도 1권과 마찬가지로 책의 저자는 과학기술정보통신부가 시상하는 '올해의 여성과학기술자상' 수상자들입니다. 이 상은 정부가 그해의 가장 뛰어난 여성 과학자를 선정하여 수여하는 상으로, 이 책은 산업공학, 전자공학, 환경공학, 의료공학, AI 시대의 식품영양학 분야에서 빛나는 성과를 낸 다섯 분을 소개했습니다.

산업공학이 이런 것이구나 하는 흥미를 주는 손소영 교수님, 벨 연구소의 영광을 발판 삼아 후학을 양성하고 계신 임혜숙 교수님, 독성 물질 이슈로 요즘 유난히 바쁜 최진희 교수님, 의료기기 발명에 푹 빠져 있는 이레나 교수님, 식품영양이 컴퓨터를 만났을 때의 놀라운 변화를 보여 주며 공학하는 여자들과 함께해 주신 김정선 교수님께 감사드립니다. 또 항상 여성과총의 출판 사업에 헌신적으로 도움을 주시는 권오남 교수님, 여의주 교수님, 홍은주 교수님께도 깊은 감사를 드립니다. 이번에도 원고 정리에 부응하여 애써 주신 김아리 작가님에게도 감사를 드립니다.

여성과총은 앞으로도 설립 취지에 부응하여 여성 과학기술인의 발전을 북돋는 한편, 양성평등과 고용평등이 실현되는 성숙한 사회 구현에 계속해서 힘을 보태겠습니다.

(사)한국여성과학기술단체총연합회

회장 박세문

차례

빅데이터로
세상을 탐험하다

산업공학자

손소영

기술보증기금의 기술평가시스템(KTRS)을 개발해 기술 기반 금융 시스템 선진화에 선구자적인 역할을 했다. 비즈니스 모형의 특허 소유권과 가치에 관심을 갖고 최근 특허경영전략 과학화와 공간 빅데이터 마이닝 연구에 몰두하고 있다. 연세대학교 수학과를 졸업한 후 과학원 산업공학과와 영국 임페리얼대학교 경영과학과에서 석사 과정을 마치고, 미국 피츠버그대학교에서 응용통계학 석사, 산업공학 박사 학위를 받았다. 한국국방관리연구소 연구원, 미국 해군대학원 교수, 미국 RPI공대 교수를 역임하고 현재 연세대학교 산업공학과 교수로 있다. 연세대학교 공헌교수상과 올해의 여성과학기술자상 등을 수상했다.

그토록 바라던 수학과에 들어갔는데…. 복잡한
수학 이론을 배우는 내 머릿속에는 질문 하나가
맴돌았다. '저 이론을 배워서 어디에 쓰는 걸까?'
의구심을 품었기 때문인지 성적도 시원치 않았다.
그러다가 산업공학 분야를 알게 되면서 현실 문제를
풀어나가는 산업공학의 매력에 푹 빠지게 되었다.
산업공학은 이론을 정립하기도 하지만, 현실의
문제 해결에 깊이 관여한다. 휴대전화의 최적
디자인 조건을 찾아 적절한 출시 시기를 결정하는
일부터 미래 유망 기술을 예측하고 대비하는 것
것까지 산업공학이 다루는 분야는 무궁무진하다.
산업공학자인 나는 수많은 산업 데이터, 사회
데이터 등에서 의미 있는 패턴을 찾아낸다. 바로
데이터마이닝이다.

수학에서 산업공학으로

나는 중·고등학생 때 수학의 명료함에 반해 일찌감
치 수학과 진학을 목표로 했다. 연세대학교 입학식 날 '진리
가 너희를 자유케 하리라'는 성경 구절을 보았을 때, 나에게
진리는 수학이라고 생각했을 정도였다. 그러나 그 기대가 깨

'진리가 너희를 자유케 하리라'가 새겨진 연세대 교정의 기념비

지기까지는 오랜 시간이 걸리지 않았다. 예상과 달리, 수강했던 수학 과목들에 대한 전반적인 이해도가 떨어져서 전공 분야가 생각을 자유롭게 하기는커녕 속박이 되었다. 수학에서 다루는 이론들이 적용되는 응용 분야가 먼저 소개되었다면 동기부여가 됐을 텐데….

하지만 1970년대만 해도 응용수학에 대한 소개가 잘 되지 않던 시기였다. 나는 전공에 적응을 잘하지 못해서 2학년 때는 급기야 학교를 그만둘 생각까지 하게 되었다. 이후 당시에 해외 경험을 할 수 있는 몇 안 되던 직업이었던 항공기 승무원이 되면 어떨까 하고 심각하게 고민하기도 했다.

그때 우연히 듣게 된 공대생의 조언이 나를 새로운 세계로 이끌었다. "수학이 산업공학 공부에 큰 도움이 됩니다."

나는 지푸라기라도 잡는 심정이 되었다. 하지만 연세대에는 산업공학이라는 전공이 없었던 시절이라, 산업공학과 수업을 들어볼 수 없었다. 그 대신에 산업공학과 관련이 있는 과목들을 혼자서 찾아 듣기 시작했다. 그만큼 나에겐 절박한 문제였다.

나는 먼저 경영학과 수업을 찾아갔다. 제한된 자원을 가지고 최대한의 이익을 내기 위해선 자원을 어떻게 써야 할지, 그리고 비용을 최소화하면서 최대한의 이익을 얻기 위해

선 어떻게 해야 할지 등 실용적인 질문을 던지고 이에 대한 답을 찾는 수업이었다. 그런데 이 문제를 푸는 데 수학과에서 어렵게 배웠던 이론들이 활용되고 있었다. "와! 이거다!" 하면서 나는 전율했다. 그간 궁금해하던 수학의 응용 분야를 찾은 것이다. 통계학 관련 과목도 공부하고, 공대에서도 산업공학 관련 수업을 들었다. 산업공학과가 없으니 스스로 커리큘럼을 짠 셈이다.

　　당시는 경영대나 공대에 여학생이 드물어서 해당 전공 교수님들의 주목과 격려 속에 공부할 수 있었다. 다른 전공을 듣다 보니 역으로 수학의 활용도를 경험하면서 졸업하게 되었고, 대학원에서 산업공학을 본격적으로 공부하고 싶어 과학원(지금의 카이스트)의 산업공학과에 진학했다. 주변의 현실 문제에 관심을 갖고 개선책을 찾아내는 산업공학을 조금 늦게 알게 되었지만, 수학과 통계의 응용 분야로 나에게 딱 맞는 공부라고 생각되었다.

　　하지만 부푼 마음도 잠시였다. 산업공학으로 구체적인 문제를 해결하고 실용적인 응용을 기대했던 내 예상과 달리, 과학원 생활에서는 또 이해하기 어려운 '이론'이 기다리고 있었다. 졸업 논문도 실제 산업의 문제를 프로젝트로 경험하고 해결하기 위한 테마를 찾아 쓰면 좋았을 텐데, 도서관에서 논문을 찾아서 그 논문에서 해결되지 않은 점을 개선하기 위한 논문을 쓰는 것이었다. 이런 과정이 힘들어서 나는 "무사히 논문을 써서 과학원을 졸업하면 학교 근처에는 다시 가지 않

겠다"라고 일기장에 쓰며 다짐했다. 학부와 대학원 석사 과
정에서 하고 싶던 분야를 선택했지만 분야에 대한 이해도는
꽃을 피우지 못하고 있었다.

첫 직장과 첫 해외 생활

　　과학원을 졸업한 뒤 나는 첫 직장인 국방관리연구
소(현 국방연구원)에 입사했다. 국방관리연구소에는 산업공학
을 전공한 선배들이 많았던 데다 산업공학에서 OR(Operation
Research) 분야의 모태가 군 응용이라 전공 분야를 활용하기
좋은 직장이었다. '과학원 산업공학과 1호 여학생'이라는 타
이틀에 이어 이곳에서도 '국방관리연구소 1호 여성 연구원'이
되었다. 내가 맡게 된 과제도 산업공학적 방법론을 적용하여
국방비 지출이 경제에 어떤 영향을 미치는지를 경제학 분야
연구원과 팀을 이루어 연구하는 일이었다. 다른 분야의 전문
가와 함께 프로젝트를 진행하면서 매끄럽게 소통하고 팀워크
를 잘하려면 더 깊은 전문성과 사회성을 갖춰야겠다는 바람
이 간절해졌다.
　　국방관리연구소라는 특수한 분야에서 한 첫 경험은 내
이력에 여러모로 상당한 영향을 미쳤다. 과학원을 졸업하면
'2년간 국내에서 의무적으로 근무해야 한다'는 조건에 따라
첫 직장인 국방관리연구소에서 2년간 의무 기간을 마친 뒤,

학교는 더 가까이하지 않기로 했던 결정을 바꾸었다. 거기에는 연구소에서 나를 부르던 '미스 손'이라는 호칭이 한몫했다. 우리나라에서 석사 학위가 있는 여성 연구자가 제대로 대우받을 마땅한 호칭이 없던 시기였다.

그런 마음의 변화가 있을 때 영국 외무성에서 장학생을 모집한다는 소식을 들었다. 그때는 산업공학을 공부하는 여성도 거의 없었고, 국방관리 적용 분야에는 더더욱 여성이 없었기 때문에 지원자들 중 내 경력은 매우 독특했을 것이다. 그리고 평소 연습해 온 영어 실력 덕택이었는지 나는 영국 외무성 장학생으로 1년간 영국 유학을 갈 기회를 잡았다. 산업공학이 미국에서 시작된 학문이다 보니 영국에선 '산업공학'이라는 이름의 전공을 찾을 수 없었다. 그 대신에 비슷한 학문인 경영과학(매니지먼트 사이언스)을 공부하기로 하고 이공계로 유명한 런던의 임페리얼 칼리지로 떠났다.

막상 영국에 도착해 보니, 일상에서 영어로 의사소통을 하기가 생각만큼 수월하지 않았다. 미국 영어에만 익숙하던 나에게 영국 영어는 생각지 못한 큰 장벽이었다. "다음 시간에 시험을 본다"라는 교수님의 말도 못 알아들어 시험 당일에 가서야 그날 시험이 있는 것을 알았던 적도 있다. 이미 과학원에서 산업공학 석사를 마치고 갔기에 정량적인 내용을 다루는 과목에서는 별 어려움이 없었다. 그러나 노동조합의 갈등 해소 등을 다루던 조직행동과 조직이론 등 처음 알게 된 경영 분야는 따라가기 어려웠다.

임페리얼 칼리지

내가 다녔던 학교에서는 석사 과정이 1년간 3학기로 진행되었다. 논문을 쓰려면 2학기를 마치자마자 치르는 논문자격시험을 통과해야 했다. 학생 중에 10%는 논문자격시험에서 탈락하며 이들에게는 1년 뒤 단 한 번 재시험 기회가 주어질 뿐이었다. 부활절 휴가가 끝나자마자 치러지는 이 자격시험에 대한 스트레스가 이만저만이 아니었다. 장학금을 받고 온 나에게는 시간이 1년밖에 주어지지 않았다. 물러설 곳이 없었다. 나는 대학입시를 앞둔 고등학교 3학년이 다시 된 것처럼 긴장했다. 수업이 끝나면 교수님과 면담해서 미처 이해하지 못한 부분을 묻고 나서야 조금 마음을 놓을 수 있었다. 교수님들로서는 같은 말을 반복해야 했으니 번거로울 수도 있었을 텐데 전혀 그런 내색을 비치지 않았다.

갖은 노력을 기울인 끝에 자격시험을 통과했다. 그러나 논문 작성 과정 역시 만만치 않았다. 돌이켜봐도 그 시기는 너무 힘들었고 마음에 여유가 전혀 없었다. 그러나 그 과정이 아니었다면 평생 만나지 못했을 조직이론과 관리회계학 등은 이후 산업 연구에 큰 도움이 되었다. 또 학교와 기숙사 사이에 있는 박물관에 자주 들르면서 문화와 예술에 눈을 뜬

것은 영국 생활이 남겨준 덤이
다. 임페리얼 칼리지는 런던의
'전시로(Exhibition Road)'에 자
리 잡고 있어서 학교에서 기숙
사로 가려면 빅토리아 & 앨버
트 박물관, 과학 박물관, 자연
사 박물관 등을 통과해야 했다.
주말에 로열 앨버트홀 연주를

'전시로'에 위치한 임페리얼 칼리지

감상하는 등 삶이 훨씬 풍부해졌다. 이과적 좌뇌 성향이 강한
나에게 박물관 체험은 우뇌를 자극해 융합적 사고를 키우는
기회가 되었다.

일의 보람을 알게 해 준 박사 과정 시절

　　영국에서 1년간 외무성 장학금의 수혜로 석사 과정
을 마친 나는 박사 학위 과정을 하려고 미국으로 건너갔다.
석사 학위로는 '미스 손'이라는 호칭이 해결되지 않을 것 같
았고, 최종 학위가 독립적 위치를 확보하는 길이라고 믿었다.
펜실베이니아주에 있는 피츠버그대학교 산업공학과에 진학
했는데, 장학금 약속은 받지 못한 상태라서 미국에 도착하자
마자 연구 조교를 찾고 있는 교수님 연구실을 방문했다. 그
교수님의 연구 과제는 펜실베이니아 지역의 화력 발전소에서

의뢰받은 것으로, 데이터를 대용량 이용해서 어떤 종류의 석탄을 어떤 조건(X)에서 태워야 화력 발전(Y)을 효과적으로 할 수 있느냐는 것이었다. 석탄의 질, 보일러 운용 조건을 설명하는 수많은 X 변수와 발전 성능 증감 Y 간의 유의미한 관계를 산출하는 모형을 개발하는 일로, 지금으로 치면 대용량 데이터를 활용해 체계와 규칙을 찾아내는 데이터마이닝(Data-mining)의 일종이었다.

장학금이 필요했던 나는 열성적으로 교수님과의 인터뷰에 응했고, 연구 조교로 일하게 되었다. 연구 조교 일이 앞으로 학교생활을 이어 나가는 데 무척 소중한 기회였기 때문에, 나는 교수님이 해 오라는 과제에 적극적으로 임했다. 일주일 걸려 해 오라는 과제를 바로 다음 날 제출했고, 교수님이 요청하지 않아도 필요해 보이는 것들을 예측해서 처리했다. 교수님은 잘한다며 칭찬을 아끼지 않았는데, 급기야는 "Don't kill yourself(너를 죽이지 마)"라면서 말릴 지경이 되었다.

1학기는 연구 조교로 일해서 학비에 생활비까지 해결할 수 있었다. 그러나 여름이 다가올수록 2학기는 또 어떻게 장학금을 마련해야 할지 걱정이 밀려왔다. 다른 학생들처럼 식당에서 접시를 닦아야 하나 옷가게에서 아르바이트를 해야 하나 걱정만 쌓여 가던 어느 날, 다행스럽게도 강의 조교 자리를 제안받았다. 교수님이 3시간 가르치고 나면 내가 1시간 보충 강의를 하는 것이었다.

피츠버그대학교의 랜드마크, 배움의 전당(Cathedral of Learning)

학생을 가르치는 것도 처음인 데다가 영어로 가르치다 보니 부실한 강의가 될 수밖에 없었다. 실수로 종종 한국말로 숫자를 표현한 뒤 그걸 모르고 지나가기도 했다. 영어권 학생들은 어리둥절해했고, 한국 학생들은 웃음을 터뜨렸다. 학기 말 학생들에게서 받은 평가서는 가혹하기 짝이 없었다.

"당신은 절대로 학생을 가르칠 생각을 하지 말아요."

어디론가 사라져 버리고 싶은 부끄러움과 절망감을 느꼈다. 강의를 하면서도 부족하다고는 느꼈지만 이 정도로 '과격한' 평가를 받을지는 상상도 하지 못했다. 그렇다고 언제까지 좌절만 할 수는 없어서 며칠 뒤 강의 스타일을 개선할 방법을 직접 찾아보기로 했다. 외국인 조교를 도와주는 교내 센터에 찾아가 강의 내용을 잘 전달하는 교수법을 배울 수 있었다. 거기서 언어 구사뿐 아니라 효과적인 발표 자료 만들기, 청중의 눈 마주치기까지 열심히 연마했다.

그리고 나는 전투하는 심정으로 다음 학기 강의 조교 활동을 하였다. 그런데 이번에 받은 강의 평가서에는 "당신은 교수를 대체할 수 있는 강사"라는 찬사가 쓰여 있는 게 아닌가. 하지만 지난 학기와 대비되는 결과를 얻었다고 우쭐할 일은 아니었다. 중요한 건 어떤 평가든 개선할 기회로 삼고 좀 더 나은 사람이 되어야 한다는 사실을 알게 되었다는 점이다. 강의 조교 경험은 훗날 내 강의와 연구 발표에 많은 영향을 미치게 된다.

약간 우여곡절은 있었지만 연구 조교와 강의 조교를

했던 박사 과정 시기는 실력과 보람을 쌓는 시간이었다. 학부 시절에는 적성을 찾느라, 직장과 석사 과정 시절에는 일과 공부를 따라잡느라 마음이 급했다. 그런 시기를 지나고 난 뒤, 하고 싶은 일에 온 정신을 쏟는 박사 과정 3년 동안 나는 행복했다. 나는 박사 논문 주제로 연구 조교 때 수행했던 석탄 과제 해결 방법을 선택했다.

그 과제를 풀려면 통계 지식이 더 필요해서 부족한 부분은 수업으로 보완해 해결하기로 했다. 통계학과에 찾아가서 수업을 들었는데, 교수님들은 내가 들고 간 석탄 과제에 관심을 보여 주었다. 그중 한 분인 라오(C. R. Rao) 교수님은 세계적으로 유명한 통계학자였다. 교수님은 내 과제를 "So Young's problem(소영의 문제)"이라고 부르며 강의에서 같이 해결해 보자면서 이론을 적용하는 법을 가르쳐 주었다. 내 과제가 강의 주제가 되니 훨씬 더 집중하게 되었다. 가상의 사례가 아니라 실제 현장의 문제를 해결하기 위해 강의를 듣는 것은 흥분되는 한편 즐거운 경험이었다.

나에게 남다른 관심을 보여 준 또 다른 분은 통계학과 학과장님이었다. 그분은 나 같은 학생이 통계학과 동문이 되면 좋겠다면서 통계학 석사 학위를 권했다. 그 덕분에 피츠버그대학에서 산업공학 박사 학위와 동시에 응용통계학 석사 학위까지 받았다. 과학원 2년, 영국 1년, 미국 3년, 합해서 총 6년 만에 경영과학, 응용통계, 산업공학 석·박사 과정을 마친 것이다. 무엇보다도 국내뿐 아니라 영국과 미국에서 여러 분야를 공부하면서 좋은 교수님들과 친구들을 만났다는 것에 감사한다. 다양한 관점에서 세상을 바라보는 능력을 키울 수 있었다. 이런 경험을 가능하게 해 준 과학원, 영국 외무성, 피츠버그대학교의 장학금 정책에도 감사한다.

미사일부터 모병까지 모형 개발

1989년 박사 학위 논문이 통과된 후 캘리포니아에 있는 미국 해군대학원에서 교수직을 제안받았다. 미국 국방성 산하에 있는 해군대학원은 미 해군, 육군과 나토 동맹국에서 파견된 세계 여러 나라의 군인과 군무원들을 위한 대학원 과정이자 국방과 관련된 연구 과제를 수행하는 곳이었다.

내가 학교에 부임한 1990년에는 이라크의 쿠웨이트 기습 침공으로 미국을 비롯한 다국적군이 이라크를 공격하는 걸프전이 발발했다. 당시 걸프전에는 스커드 미사일 등 오랫동안 쓰지 않았던 무기들이 사용되었다. 오랫동안 안 쓴 무기들은 타깃(목표물)에 잘 안 맞는다든지 목표물에는 맞았는데 폭발하지 않는다든지 등 주어진 임무를 수행하지 못하는 경우가 종종 발생한다. 즉 무기의 신뢰성 문제가 생겼고, 나는 이 문제에 주목해 보관 환경에 따라 무기의 성능이 어떻게 변하는지 연구하게 되었다.

미 육군 미사일 사령부는 군납되는 미사일을 서로 다

른 기후 조건에서 보관하다 시간이 지난 뒤 성능을 시험하려고 간헐적으로 탄두 실험을 한다. 즉 일부 무기는 앨라배마에 두고, 일부는 아주 추운 알래스카로 보낸다. 또 어떤 무기들은 전쟁이 자주 벌어지는 사막 환경에 가까운 애리조나에 두고, 어떤 무기들은 습도가 높은 파나마에도 보관한다. 나는 그 데이터들을 모두 종합해 보관 장소별로 특정 시점의 미사일 신뢰성을 예측하는 모형을 개발했다.

내가 맡은 또 다른 연구는 최적의 모병을 위한 모형을 개발하는 일이었다. 미국은 한국 같은 징병제가 아니라 직업으로 군인을 지원하는 모병제로, 군대가 여러 직장 중 하나인 나라다. 그러다 보니 군대에는 능력을 갖춘 적정 인원을 확보하는 모병이 중요한 문제가 된다. 기술을 배울 수 있는 공군은 줄을 서서 들어가려 하지만, 육군과 집을 떠나야 하는 해군은 상대적으로 모병에 어려움이 많았다. 특히나 전쟁이 발발하면 군인의 수요는 증가하지만 모병은 더욱 어려워진다. 미국 군대는 보통 고등학교 졸업생들을 대상으로 모병하는데 광고, 인센티브, 리쿠르터(모집자)가 중요한 변수로 작용했다. 어떤 광고를 할 때, 어떤 인센티브를 제안할 때, 또 어떤 모집자가 모집할 때 가장 효과적인 모병이 될지와 이들 세 가지 요소의 변화에 따라 모병 효과가 어떻게 달라지는지가 내 연구 주제였다. 나는 한정된 예산으로 이 세 가지 변수 변화와 모병 효과의 관계를 보여 주는 모형을 개발했다.

내가 연구한 과제들은 하나같이 실제적이고 실용적인

주제였다. 대학과 대학원에서 배운 수학, 통계학, 산업공학, 경영과학 등을 모두 적용하여 좋은 해를 구할 수 있는 과제였다. 학교에서 배운 이론을 실제에 접목해 해결하는 일이야말로 내가 꿈꿔 오던 것이었다.

해군대학원에서는 군 장교들이 학생이었다. '특별한' 학생들을 위한 강의를 준비하면서 교수법도 많이 개선했다. 군 장교들은 처음에는 산만한 태도를 보이면서, 아시아 여성 교수한테 배우는 걸 몹시 불편해했지만, 학기말에는 나를 편하고 친근한 교수로 대해 주었다. 여성 장교들에게서는 '좋은 롤 모델'이라는 평가까지 받아서 뿌듯했다.

해군대학원에서 군 응용 중심으로 강의와 연구를 해 오던 1995년, 미국에서 가장 오래된 공대인 뉴욕 런셀레어 폴리테크닉 인스티튜트(Rensselaer Polytechnic Institute, 알피아이 공대)에서 교수 제안을 받았다. 그전까지는 군과 관련된 산업공학적 과제를 수행했다면, 이때부터는 민간 관련 과제를 수행해야 했다. 알피아이 공대는 시스템공학, 컴퓨터과학, 핵공학 등 여러 학과 교수가 함께 모여 융합적 데이터마이닝 연구를 활발히 했다. 인근에 있는 미국의 대표적 기업 제너럴일렉트릭(GE) 연구소와 학술적 교류도 활발했다. 이곳에서 나는 민간 기업의 방대한 데이터를 바탕으로, 다양한 학과와 협업하면서 제조 시스템에서 불량을 줄이기 위한 데이터마이닝 연구에 참여했다.

그러던 중 갑작스레 한국에 돌아
갈 계기가 마련되었다. 연세대 산업공
학과에서 교수 제안을 받고 귀국하게
되었다. 한국을 떠난 지 10년 만이었
다. 하지만 알피아이 공대로 옮긴 지는
1년이 흘렀을 뿐이어서, 나에게 기대를
많이 한 학과에 죄송했다.

RPI 교수 시절

10년 만의 귀국…
세계 최초 기술 기반 신용평가 모형 개발

1996년에 연세대로 옮긴 뒤에도 데이터마이닝 연구
는 계속되었다. 국내 최초로 도로 교통사고 데이터마이닝을
바탕으로 한 교통사고 예측 과제를 수행했다. 교통사고와 관
련된 다양한 데이터를 수집했지만, 당시 우리나라는 날씨별
사고의 종류, 시간대별 사고의 종류 등 간단한 조합의 교통사
고만 분류하여 보고되었다. 나는 다양한 사고 패턴을 다차원
에서 규명하기 위해 머신러닝(방대한 데이터 분석을 바탕으로 패
턴을 파악하여 미래를 예측하는 기술) 분류 기법들을 적용해 교통
사고 데이터 활용을 극대화했다.

이와 더불어 국내 유수 기업들을 위해 원자재/중간재/
완제품 생산에 이르는 다단계 공급사슬 체계하의 신뢰성 시

험 자문, 한창 열풍이 불던 품질경영에 6시그마 도입 여부 자문, 반도체 광학장비 구매 경제성 평가를 위한 시스템 생애주기상의 유지 비용 모델 개발 등에 참여하면서 우리나라 산업 전반을 관찰하는 좋은 기회를 가졌다. 그중에 가장 기억에 남는 성과는 기술보증기금의 기술신용평가 모형을 개발한 것이다. 2004년은 한국에 귀국한 지 8년째 되던 해였다. 처음으로 해외 연구년의 기회를 얻어 석사 과정을 했던 런던의 임페리얼 칼리지로 방문 연구를 가려고 절차를 밟고 있었다. 그런데 뜻밖에도 기술보증기금에서 나를 찾아왔다.

기술보증기금은 재정 담보가 미약한 기술 기반 기업의 혁신을 위해 기업을 선별하여 정부 재원으로 보증을 서서 해당 기업이 돈을 빌릴 수 있게 하는 기관이다. 쉽게 말해서, 돈을 빌릴 때 필요한 땅이나 건물 등의 담보가 없는 기술 기업도 그 기술이 뛰어나다고 기술보증기금이 판단해 주고 보증을 서면, 시중은행이 기금을 믿고 돈을 빌려주는 것이다. 그런데 기금의 보증을 받고 돈을 빌려간 많은 기업이 부채를 갚지 못하면서 기금이 존폐 위기를 맞고 있었다. 기술보증기금은 나에게 이런 부실 금융을 해결할 새로운 기술신용평가 모형을 개발해 달라고 부탁했다. 신용카드 회사가 신용카드를 발급해 줄 때, 발급 대상자가 과연 돈을 갚을 능력이 되는지 회사마다 판단하고 발급하는 기준이 있는 것처럼 기술신용평가 모형도 과연 기술 기반 기업이 빚을 상환할 수 있을지 능력을 판단하는 프로그램이다. 뜻깊은 일인 점은 이해했지만, 나는 연구년을 앞두고 있어서 과제 수행이 어렵다고 거절했다. 그런데도 기금이 수차례 부탁을 거듭해서 더는 뿌리칠 수 없었다. 결국 나는 이 과제를 들고 영국으로 연구년을 떠나게 되었다.

에티오피아 학회 기조연설

그때는 스카이프나 카카오톡이 없던 시절이라 국내와 연결하는 방법은 국제전화뿐이었다. 연구를 위해 영국에서 연락하느라 전화 요금이 너무 많이 나와서 임페리얼 대학 당국으로부터 주의를 받기도 했다. 먼 거리에서 진행하느라 불편함이 따를 수밖에 없었지만, 평가 모형 개발은 성공적이었다. 기술 보증을 통한 융자 성과와 사업 부실화 위험을 동시에 고려한 중소기업 기술금융지원을 위한 모형 'KTRS(K-Technology Rating System)'를 세계 최초로 개발하게 되었다. 우스갯소리지만, K-POP 열풍이 불기 전에 먼저 개발하고 이미 앞 글자에 'K'를 붙인 것이다. 이름까지 내가 붙였는데 'KTRS', 정말 잘 지었다.

KTRS는 1998년부터 축적된 데이터 1만 1000여 건을 활용해 다양한 통계적 검증과 데이터마이닝 기법을 바탕으로 개발한 시스템으로, 기업의 재정이나 과거 실적보다 기술력에 기초해 미래의 성공 가능성을 평가한다. 기술보증기금은 이 시스템으로 금융사고율을 획기적으로 낮추었다. 지금까지도 기술평가보증 지원, 벤처·이노비즈 기업 선정, 정부의 정책자금 사업자 선정 등 다양한 기술력 평가 실무에 널리 사용되고 있다. 나는 이와 관련해 10여 편이 넘는 국제 논문을 발표했고, 이후 해외 여러 기관과 대학에 발표자로 초청받았다.

학자로서 영광이었고 국내 언론에서도 화려한 조명을 받았다. 하지만 연구 결과로 취득한 특허를 개발자가 아닌 과제 의뢰 기관이 소유한다는 사실을 알게 되었을 때는 온몸에서 힘이 빠져나가는 것 같았다. 연구자가 열정을 쏟아 부어서 개발한 특허에 권리를 가질 수 없다면 다음 개발이 지속될 수 있을까?

나는 특허로 씁쓸한 경험을 한 뒤, 특허를 본격적으로 연구해 보기로 했다. 기술 경영 분야의 특허 연구로 승화시키기로 마음먹은 것이다.

그것을 위해서, 두 번째 연구년은 영국 케임브리지대학 공대의 기술경영센터(Center for Technology Management)를 선택했다. 거기서 산업체에서 발주한 대학 내 연구의 계약과 지식재산 권리 범위에 대하여 케임브리지대학을 포함한 영국 대학의 현황을 관찰했다. 그 결과 연구 의뢰 기관과 연구 개발자 쌍방 간의 효용을 고려한 연구 계약서 디자인 연구 결과를 출판할 수 있었다.

케임브리지의 경험과 네트워크를 바탕으로 찰머스공

두 번째 연구년을 보낸 영국 케임브리지대학교

과대학(Chalmers University of Technology)의 특허경영 전문가 오베 그란스트란드(Ove Granstrand) 교수와의 한-스웨덴 방문 연구로 교류도 하게 되었다.

빅데이터와 데이터마이닝의 시대

KTRS 개발이 세계적으로 알려지면서 2011년에는 UN 산하 무역개발회의(UNCTAD)에 전문가 자문역으로 스위스 제네바로 초청되었다. 이곳에서는 신흥국의 벤처 기업가 정신 함양을 위해 인프라를 구축하고 있었다. 나에게 요청된 것은 금융 지원 시스템을 구축하는 일에 대한 자문이었다. 그들의 관심은 지속 가능한 지역 발전에 기여할 개인 융자 프로그램을 만들어 그 대상이 될 개인을 선별하는 데 있었다. 나와 함께 전문가로 초청된 팀은 하버드 행정대학원인 케네디 스쿨 출신의 기업금융연구실(Entrepreneurial Finance Lab, EFL)이었다.

내가 개발한 KTRS는 기술을 집중적으로 본 데 반해, EFL은 사람을 평가했다. 그것도 사람의 심리와 활동 상태를 기초로 한 평가였다. 그 신선한 접근에 나는 매우 놀랐다. 기술 역시 사람이 관리하니 사람에 대한 평가는 매우 중요하다. 이 또한 기술 금융에 적용할 수 있겠다는 생각에 나는 심리와 같은 대안 정보 활용에 관심을 갖게 되었다. 더 깊이 연구하고 싶어서 2014년에 돌아온 세 번째 연구년에는 하버드 케네디스쿨을 선택했다.

하버드에서 한 여러 경험 중 가장 인상적으로 남아 있는 것은 다양한 분야의 학자들이 동일한 문제를 각자 견지에서, 그러면서도 융합적으로 풀어 가는 인문사회학 세미나였다. '신용'이라는 주제로 세미나가 열리면, 경제학에서만 논하는 게 아니라 역사학은 국가 신용의 역사를, 사회학은 가부장적 가족의 여성 신용 문제를 다루는 등 학문의 경계를 정하기보다 하나의 문제를 풀 때 집단 지성적 노력을 중시해 배울 점이 많았다.

　　내 연구들을 하나의 키워드로 묶는다면, '데이터마이닝'이 가장 적합할 것이다. 박사 과정 때 했던 첫 연구 '석탄 문제'부터 해군대학원 교수 시절 모병과 무기의 신뢰성 연구, 그리고 KTRS 모형을 포함해 지난 30년간 수행한 과제들은 빅데이터를 활용했다. 요즘 들어 빅데이터와 데이터마이닝이라는 단어가 미디어에 자주 등장하지만, 내가 박사 과정을 할 때만 해도 이런 작업을 데이터마이닝이라고 부르지 않았다. 그러나 인류는 이 단어가 나오지 않았을 때부터 데이터마이닝을 했다. 대표적인 게 역사학이다. 학창 시절에는 역사를 배울 때 '옛날에 다 지나간 일을 왜 공부하나'라는 의문이 있었다. 그런데 역사학은 수천 년간 축적된 수많은 역사적 자료 중에서 지금 우리에게 필요한 지혜를 찾는 학문이다. 엄청나게 많은 데이터에서 의미 있는 패턴을 파악해 지혜를 구하는 것이다. 사학자들이 사료(史料)를 데이터마이닝한다면, 산업 공학자인 나는 다량의 산업 데이터, 사회 데이터 등에서 의미 있는 패턴을 찾아내 해당 조직의 의사 결정에 도움을 준다.
　　지금 빅데이터가 주목받는 이유는, 우리 사회의 거의

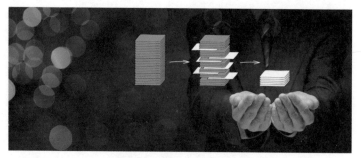

산업공학은 수많은 산업 데이터에서 의미 있는 패턴을 찾아낸다.

모든 현상이 데이터로 저장되기 때문이다. 앱을 쓰면 우리 정보가 수집된다. 나도 모르게 내 모든 생활 형태가 데이터로 쌓인다. 이 데이터들을 모아서 또 하나의 새로운 비즈니스 모형을 만들 수 있기 때문이다. 다양한 형태로 방대하게 쌓인 데이터들이 빅데이터이며, 여기서 의미 있는 패턴을 뽑아내는 것이 데이터마이닝이다. 데이터마이닝이 그려낼 미래는 얼마나 다양한 모습일지 상상하기 어렵다. 또 그 부작용으로 개인 정보 보호라는 관점의 문제가 제기되고 있고, 이에 대한 보호와 규제가 많이 논의되고 있다. 보호나 규제와 더불어 빅데이터와 이에 대한 활용은 거부할 수 없는 세계적 흐름이다.

여성과 산업공학

산업공학은 흔히 오케스트라 지휘자의 역할에 많이 비유된다. 건축이 바이올리니스트, 기계가 첼리스트 등 각각의 기능이 있다면, 산업공학은 이 전체가 화합을 이루어 좋은 하모니를 낼 수 있도록 지휘하는 것이다.

산업공학은 기계를 기계로만 보는 게 아니라 산업과 사회 속에서 기계를 보는 학문이다. 그런 점에서 이 학문은 여학생에게 잘 맞을 수 있다. 어떤 대상을 넓은 관점에서 본다는 점에서 말이다. 그런데 반드시 그 관점을 과학적으로 풀어 주면서 실행 단계를 마련하는 데 진수가 있다. 그래서 이 학문은 수학과 통계를 좋아하면서 어떤 문제를 해결하려고 하는 호기심이 강한 사람에게 적합하다. 수리에만 관심이 있는 게 아니라 사회적 이슈에 관심이 있는 사람이 잘할 수 있다고 본다. 또 기업, 기관 등 업체에서 문제를 들고 와서 의뢰할 때 대부분 그 문제를 팀 단위로 풀어야 하기 때문에 소통과 협업에 필요한 사회성(소셜 스킬)도 무척 중요하다.

변화가 있긴 하지만 산업공학 전공 학생의 약 20%가 여학생이다. 팀 활동을 잘하려면 우선 실력을 갖추어야 하고 팀원들에 대한 이해, 그리고 언제라도 다양한 팀을 구성할 수 있는 네트워크 능력과 소양이 필요하다.

산업공학도가 되기 위한 자질로는 성실과 인내, 재능으로는 우뇌적 사고방식을 들고 싶다. 산업공학을 전공하는 학생이라면 대개 나와 같이 논리적인 좌뇌가 좀 더 발달한 편일 것이다. 어떻게 하면 우뇌를 키울 수 있을까? 2004년에 영국 런던에서 공부할 때 내가 자주 참여했던 '빅토리아 앨버트 뮤지엄 런치타임 토크'의 한 장면이 떠오른다. 점심시간을 이용해 방문한 사람들에게 자원봉사자가 소장품들을 깊이 있게 설명해 주는 프로그램이다.

하루는 자원봉사자가 금으로 디자인한 배이자 소금을 보관하는 용도로 쓰이는 버흘리 네프(Burghley Nef)를 설명해 주면서 이 배와 관련된 신화인 '트리스탄과 이졸데'도 알려

소금을 보관하는 용도로 쓰이던 버흘리 네프

주고 소금의 역사도 들려주었다. 디자인과 역사, 신화가 만나는 설명이었다. 이런 강의를 듣고 오페라하우스에서는 관련 오페라를, 내셔널 갤러리에서는 관련 그림을 감상할 수 있었다. 그러면 진주를 실에 꿰듯이 머릿속에 부분부분 조각나 있던 예술과 문화, 역사가 꿰어졌다. 이런 경험이 우뇌를 자극하고 깨워 주었다. 알렉산더 대왕의 영화가 나왔을 때 이에 비해 덜 알려졌지만 위대했던 키로스(Cyrus)왕 이야기를 관련 유물이 전시된 박물관에서 이라크 출신 자원봉사자에게 듣던 경험은, 문제를 해결하기 위한 가설을 세울 때 필요한 상상력을 풍부하게 해 주었고, 그동안 생각지 못했던 다양한 아이디어를 샘솟게 했다. 공학을 전공하는 대학생들이 우선은 전공

분야에 매진해야겠지만, 적절한 시기에 문화 예술 분야를 접해 공학과 접목한 융합적 사고 체계를 자연스럽게 갖추게 되길 바란다.

인간의 행복에 대한 밑그림부터 생각하기를

내 인생을 되돌아보면, 공부와 연구 한 길만 걸어왔다. 수학의 실용적 응용에 목말라 하다가 만난 산업공학은 나에게 세상으로 나가는 통로 같은 역할을 해 주었다. 그 길을 처음 선택했던 때부터 40년이 지난 오늘날까지 나에게 즐거움과 보람을 주니 감사할 뿐이다. 나는 처음부터 교수가 꿈이었던 사람은 아니다. 학부 시절 수학을 전공할 때나 과학원에서 산업공학을 공부할 때 성적이 좋지 않았다. 늘 학교의 이론 중심 공부보다는 현실 문제 해결에 관심이 많았다. 그런데 현실 문제를 해결하기 위해서 공부를 이어 가다 보니 교수 자리에 이르게 되었다. 좋아하는 일에 매진하다 보니 교수가 되었지 교수를 목표로 한 적은 없다. 산업공학 교수는 이론을 가르치고 정립하기도 하지만, 현실의 문제 해결 과제도 끊임없이 수행하기 때문에 늘 역동적인 점이 마음에 든다. 내가 열정적으로 생활하고 좌충우돌했던 경험이 있기 때문에, 학과 공부에 적응하지 못하는 학생들을 보면 눈길이 많이 간다. 나는 그 학생들에게 "지금 이 공부가 결코 끝이거나 전부가 아니다"라고 말해 준다. 이 공부에서 자신이 잘할 수 있는 것을 연결해서 찾아보길 권한다. 그러다 보면 반드시 기회가 온다고 말해 준다.

지금까지 내가 해 온 작업은 일종의 아래에서 위로 가는 방식(bottom-up approach)이었다. 즉 주어진 구체적인 문제를 해결하면서 전체 그림을 그려 나갔다. 그러나 세월이 흐를수록 위에서 아래로 가는 방식(top-down approach)의 필요성을 느낀다. 더 좋은 세상을 만들기 위해 무엇이 필요한지를 먼저 고민한 뒤 그로부터 출발하는 연구가 더 필요하지 않나 하는 생각이 든다. 고객이 의뢰하는 문제를 하나하나 풀어가는 재미에 앞서 그 산업이 어디를 향해야 할지, 이를 위해 무엇을 해야 할지에 대한 큰 그림을 제시하고 기획하는 게 중요하다는 생각이 갈수록 드는 것이다. 결국 기술도 인간이 행복하기 위한 도구이다. 먼저 인간의 행복을 구현하기 위한 사회에 대한 커다란 밑그림을 그리고 그 밑그림을 채워 갈 기술과 과학을 연구해야 한다.

빅데이터와 데이터마이닝

많은 이가 자신의 수면 패턴과 그날의 스케줄을 파악해 시간에 맞
춰 올리는 스마트폰 알람으로 하루를 시작한다. 학교나 회사에 갈
때도 교통 카드를 사용하면 매일의 승하차 시간과 장소가 기록된
다. 오전에 급히 처리해야 하는 금융 업무를 은행에 갈 필요 없이
어디에서나 스마트폰으로 처리할 수 있다. 그 밖에도 카카오톡을
하거나 구글을 탐색하는 정보는 페이스북과 인스타그램 사용 정
보와 더불어 모두 해당 서비스 제공자에게 수집되고 있다.

　　내가 언제 일어났는지, 어디를 갔는지, 누구에게 얼마를 송
금했는지, 누구와 어떤 교류를 하는지, 무엇을 궁금해하는지, 어
떤 일을 했는지, 어떤 식품을 구매하고, 어떤 음식을 먹고, 어떻
게 느꼈는지 같은 하루의 모든 기록이 데이터로 저장되고 있다.
즉, 우리 모두가 하루하루를 살며 '빅데이터'를 생산하는 것이다.

　　1990년대에 인터넷이 확산된 이후 정보의 흐름이 증가하
였지만, 오늘날 '빅데이터'가 주목받는 이유는 크게 두 가지다. 첫
째, 모바일 스마트 기기가 확산되면서 사람과 사물 간 초연결성
을 바탕으로 축적된 데이터의 양과 그 형태가 폭발적으로 증가하
기 시작했다. 그리고 이 '빅데이터'를 분석할 수 있는 하드웨어와
데이터마이닝(Data Mining) 기법의 발전이 빅데이터 시장의 성장을

견인하고 있다.

구슬이 서 말이라도 꿰어야 보배인 것처럼, 양이 방대한 데이터라 하더라도 가만히 두면 별 의미가 없다. 우리가 빅데이터에서 가치를 만들어 내는 첫걸음은 빅데이터 자체가 아니라 그로부터 통찰을 얻어 낼 수 있는 데이터마이닝을 빅데이터에 적용하는 것이다. 데이터마이닝이라는 단어는 데이터와 광산에서 금을 캐는 마이닝(Mining)의 합성어이다. 여기서 알 수 있듯이, 데이터마이닝은 대량의 데이터에서 패턴, 연관, 변화, 예외, 규칙, 통계적으로 중요한 구조와 사건 등을 찾아내 의사 결정에 활용하는 작업이다.

알리바바 그룹 창업자 마윈이 "데이터를 지배하는 자가 앞으로 IT 패권을 가져갈 가능성이 높다"라고 이야기한 것도 이러한 데이터마이닝의 활용이 무궁무진하기 때문이다.

빅데이터와 통계와 수학에 기반을 둔 데이터마이닝의 고도화된 기법을 구체적으로 적용한 사례를 보면, 제조기업은 인공지능 기술과 공정 과정 중 발생하는 방대한 데이터를 이용해 공정 이상과 병목 현상 지점을 예측한다. 서비스업도 딥러닝 기법을 적용해 고객의 행동 패턴을 정확히 파악하고, 그에 맞는 솔루션을 제공한다. 인터넷 전문 은행들도 과거 대출 이력 데이터와 더불어 SNS 활동 정보, 통신 수납 정보 등 비금융 정보를 활용하여 새로운 고객들의 대출 승인 여부를 결정할 수 있다.

공공 분야에서도 데이터마이닝은 유용하게 활용될 수 있다. 교통 카드 데이터, 실시간 도로 교통량 데이터, 내비게이션 데이터, 유동 인구와 같은 공간 빅데이터에 데이터마이닝의 고도

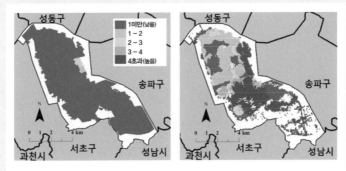

1-1 주민등록상 거주 인구 기반으로 분석   **1-2** 유동 인구 빅데이터 기반으로 분석한
한 대중교통 접근성   대중교통 접근성

야간(새벽 1~2시)에 예측된 서울시 강남구 대중교통 접근성 수준으로, '유동 인구' 빅데이터 분석이 훨씬 더 상세한 결과를 보여 준다.

화된 기법인 딥러닝 기술을 적용하면, 도로 통행량과 대중교통 수요에 대한 매우 정확한 예측이 가능하며, 내비게이션을 비롯한 여러 센서로 수집되는 운전자들의 운전 습관과 운행 패턴을 분석하여 교통사고 예방에도 활용할 수 있다.

또 영상과 패턴 인식 분야에서 성능이 매우 우수한 인공지능 기술이 CCTV에 적용되어 객체들의 행동을 단순히 감지하는 것뿐만 아니라 지능적으로 이들의 행동 패턴을 분석하고 추적과 감시를 병행해서 치안을 강화하는 데 크게 기여할 수 있다. 공상과학 영화 〈마이너리티 리포트〉에서 초감각적 지각을 지닌 예지자가 미래의 범죄를 예측해서 여러 범죄를 예방한 것처럼, 이제는 인공지능을 가진 수많은 CCTV가 예지자 역할을 담당한다.

산업공학을
전공하면…

산업공학은 모든 공학 분야와 사회과학 분야를 아우르는 학제 간 융합 학문으로, 시대가 요구하는 복합 인재를 양성해 왔다. 공학과 경영을 접목한 학문이지만, 여기에서 경영이란 심지어 심리학과 같은 사회과학까지도 고려한 과학적이며 계량적인 경영을 말한다. 원래 산업공학의 학문적인 기반은 제조업이었지만 지금은 학문 대상이 서비스, 행정, 의료 서비스 등 전방위로 확장되고 있다.

따라서 산업공학을 전공하면, 자동차와 반도체로 대표되는 제조업뿐 아니라 경영·IT 컨설팅, 금융산업, 의료산업, 방위산업과 우주산업 그리고 일반 도소매업 같은 일상생활과 관련된 산업 등 모든 분야에 진출할 수 있다. 최근 들어 경영학 전공자들의 전유물이었던 마케팅, 재정, 인사 부문으로 진출하는 일도 증가하고 있다. 실제로 코카콜라, UPS, 디즈니, 나이키, 마이크로소프트, 보잉사 같은 세계 유수 기업들이 산업공학을 전공한 인재들을 고용해 시스템 개선을 추구한다. 특히 최근에는 정부 기업의 주요 싱크탱크 연구소에서 산업공학 전공자의 수요가 많아지고, 그 역할도 커지고 있다.

물론, 시대에 따라 산업공학 출신들이 선호하는 분야는 달라졌다. 1990년대에는 제조업에 많이 진출했고, 1990년대 후반에는 컴퓨터 산업이 발달하면서 SI(시스템 통합) 쪽으로 많이 진출했다. 2000년대에는 컨설팅 회사로 많이 갔는데, 그 이유는 기술을 이해하면서 경영 마인드까지 갖추었기 때문이다. 대략 그 시대에서 가장 인기 있는 직종에 많이 진출했는데, 그만큼 인기 있는 산업 분야에서 산업공학 출신을 많이 원했기 때문이다. 김범수 카카오 의장, 애플의 최고경영자 팀 쿡뿐 아니라 삼성전자, 엘

지전자 등 글로벌 대기업 대표에 산업공학도 출신이 많다.

　　한편, 데이터마이닝 분석가(데이터마이너)가 되는 길도 있다. 누적되는 데이터 생성량은 날이 갈수록 어마어마하게 커질 것이며, 이에 따라 데이터의 활용도가 기업의 생존을 좌우할 수 있다. 데이터마이너의 수요는 높은 데 반해 아직 전문가가 부족하므로 직업 전망은 매우 밝다.

※ 자료는 대한산업공학회 홈페이지(http://www.kiie.org)를 참조했음

아주 작은 '칩'의 놀라운 능력

전자공학자

임 혜 숙

초고집적 디지털 회로 설계 관련 연구로 박사 학위를 받았고, 미국 벨(Bell) 연구소 연구원, 시스코 시스템즈(Cisco Systems) 하드웨어 엔지니어로서 통신 및 통신망 집적회로 설계 관련 연구를 진행했다. 서울대학교 공과대학 제어계측공학과에서 학사와 석사 학위를 받았으며, 미국 텍사스주립대학교에서 박사 학위를 받았다. 현재 이화여자대학교 전자공학과 교수로서 통신망 칩 설계를 위한 효율적인 알고리즘 연구에 매진하고 있다. 대한전자공학회 최초의 여성 부회장과 IEEE 주관 국제학술회의 조직위원 등으로 활동하면서, 여성공학인재육성사업 이화여대 단장 및 10개 사업단을 총괄하는 책임을 맡아 여성공학인재 양성에 힘쓰고 있다. 2012년 과학기술진흥 유공 표창 등을 수상했다.

아침에 일어나서 잠자리에 들기까지 우리는 전자 제품에 둘러싸여 있다. 휴대전화는 잠시도 곁을 떠나지 않고 우리의 관심을 붙잡는다. 모바일 메신저를 하고, 음악을 듣고, 페이스북이나 인스타그램과 같은 소셜 네트워크로 사람들과 연결된다. 소형 가전은 물론이고 자동차 역시 진즉에 전자 제품화되었다.

사람의 모든 활동이 뇌에서 비롯되듯이, 전자 제품에도 두뇌 역할을 하는 것이 있다. 대부분 전자 제품에 다 들어가는 아주 작은 까만색 조각, 칩이라는 반도체 부품. 나는 그것을 연구하고 설계해 왔으며, 더 많은 여성이 나와 같은 길에 들어서길 진심으로 바란다.

문과? 이과?

고등학교 입학을 앞둔 중학교의 마지막 겨울방학. 나는 친한 친구 두 명과 결심을 했다. "방학 동안 《성문 기본 영어》와 《기본 수학의 정석》을 한 번 다 보고 고등학교에 들어가자."

당시에는 '영어 공부 하면 이것, 수학 공부 하면 저것'
이라는 식으로 거의 정해진 참고서가 있었다. 혼자 공부하는
것보다 친구들과 약속하면 좀 더 구속이 되기 때문에 미루거
나 중도 포기하지 않을 것 같았다. 중학교 때 나는 영어와 수
학을 두루 좋아했고 수업 시간에만 집중해도 성적이 괜찮아
서 고등학교 공부 준비에도 자신이 있었다. 그런데 막상 뚜껑
을 열어 보니 현실은 달랐다. 《기본 수학의 정석》은 그리 힘
들이지 않고 풀어 나갔지만, 《성문 기본 영어》는 전혀 진도가
나가지 않았다. 누군가의 도움 없이 혼자서 이해할 수 없었
다. 결국 참고서를 다 보겠다는 약속은 지키지 못한 채 고등
학교에 입학했고, 영어에 대한 자신감도 꺾였다. 그러다 보니
여전히 잘하는 수학과 과학에 더 매진하면서 자연스럽게 이
과를 선택하게 되었다.

하지만 고등학교 3학년이 된 나는 그야말로 갈팡질팡
했다. 진로를 정해야 하는데 내가 가진 양면적 속성이 갈등
하게 만들었다. 나는 이과이면서도 법대에 미련이 있어서 교
차 지원을 알아보았고, 어머니는 의대 진학을 원하셨다. 몇
번 해 보지는 않았지만 개구리나 닭을 해부하는 실험에 흥미
를 느꼈다면 어머니 뜻대로 의대에 진학했을지도 모르겠다.
하지만 그쪽은 관심도 없었고 잘할 자신도 없었다. 이렇다
할 진로에 대한 정보마저 부족한 채 답답함이 쌓여 가던 어느
날, 지구과학 선생님이 이런 말씀을 해 주셨다.

"요즘 전산 분야가 뜨고 있어. 여학생도 전산 쪽으로

진출하면 일할 기회가 많을 거야."

이 한마디에 나는 귀가 쫑긋했다. 전산은 요즘으로 치면 컴퓨터다. 전산과가 어디에 있나 살펴보니 공대에 있었다. 만일 내가 법대를 선택했더라면 어땠을까? 드라마나 책에서 법과 관련된 장면이나 구절을 보고 나도 모르게 빠져드는 걸 보면, 문과로 진학해 법조계 일을 했더라도 아주 신나게 했을 것 같다. 몇 년 전 교무처 부처장으로 일할 기회가 있었다. 교무처의 주된 업무 중 하나가 교원 평가 및 인사에 관한 일이다. 평가 및 인사에 관한 규정이나 세칙을 자세히 살피고, 수정 의견을 제시하는 일이 내게는 무척이나 흥미로웠다. 법학전문대학원 교수이신 교무처장님이 내게 '리걸 마인드(Legal Mind, 법적 사고력)'가 확실하다는 평을 해 주셨다.

공학은 사회나 현실을 떠나 존재할 수 없는 학문인 데다 논리적 추론이 필수적인 분야이기 때문에 완벽히 이과적 공부라기보다는 문과적 성향도 상당히 필요하다. 실생활과 늘 소통하며 실생활의 문제에 대한 해결책을 제시하는 학문이고, 그 해결책을 글로 잘 표현해야 한다는 점에서 문과적 성향이 도움이 되는 점이 있다.

'공대 아름이'의 기쁨은 잠시

나는 1982년에 서울대학교 공대에 입학했다. 내가

'공대 아름이' 광고

대학에 입학하던 해, 서울대 공대에는 19개 학과가 있었지만, 1학년 때는 공학 계열로 함께 공부하다가 2학년 때 전공을 선택하는 체제였다. 신입생 때는 다양한 학과를 두루 살펴본 뒤에 전공을 결정하면 되었다.

　나는 공대에 입학한 뒤에야 공대에는 여학생이 많지 않다는 것을 비로소 알았다. 10년 전 한 이동통신사 광고로 알려진 '공대 아름이.' 2008년에도 공대에는 여학생이 드물다는 소재로 광고를 만들었는데 하물며 1980년대 초는 어땠을까. 1000명 넘는 서울대 공대생 중 여학생은 26명이었고, 내가 전공한 제어계측공학과에서는 50명 중 여학생은 두 명뿐이었다. 1978년부터 1991년까지 15년간 존재한 제어계측공학과(지금은 전기·정보공학부로 통합되었다)의 총 여학생 수는 10명으로 이들은 지금까지도 연락하며 친하게 지내고 있다. 당시 우리는 남학생들 속에서 그 '아름이' 못지않게 주목을 받았다. 하지만 그런 기쁨도 잠시, 엄청난 좌절감과 마주해야 했다.

　1학년 1학기 성적표를 받아든 나는 큰 충격을 받았다. '아, 내가 공부를 못할 수도 있구나.'

　고등학교 때까지는 거의 매번 1등을 하고 주목과 관심의 대상으로 살았는데, 대학에 들어오니 공부를 잘하는 친구들이 너무나 많았다. 고등학교 때는 수업을 열심히 듣고 자습으로 조금만 보충하면 잘할 수 있었지만, 대학 수업 시간은 별로 가르쳐 주지도 않는 것 같은데 시험은 배운 내용으로는 답할 수 없는 것들을 물었다. 이러다가는 내가 원하는 학과에 가지 못하겠다는 불안감이 들었다. 2학년 때는 전공을 선택해야 하는데 성적이 처지면 내가 원하는 전공에 진입할 수 없다는 위기감에, 1학년 2학기 때는 무척 긴장하며 공부에 매진했다.

2학년 전공 선택을 앞둔 어느 날, 나는 편지를 한 통 받았다. 발신자는 당시 신생학과였던 제어계측공학과 교수님이셨다. 1학년 2학기 때는 성적이 올라서 교수님의 '포위망'에 들어간 것이다. 편지 속 팸플릿에서는 미사일, 우주비행 등 첨단 과학 사진들과 함께 제어계측이 이들 첨단 과학에 어떻게 기여하는지를 설명하고 있었다. 그런 멋진 기계를 만들고 싶으면 제어계측공학과에 오라고 유혹하는 것 같았다. 참으로 이름이 생소했지만, 그래서 더욱 끌렸다고 할까? 많은 학생이 이 홍보 문구에 매료돼 제어계측공학과를 지원했다. 나 역시 마찬가지였다. 신생학과인데도 경쟁률이 높았다. 나는 당당히 합격했다.

하지만 또 고비가 찾아왔다. 높은 경쟁률을 뚫고 학과에 합격한 기쁨도 잠시였다. 1학년 때보다 더 힘든 공부가 기다리고 있었다. 회로이론, 전자회로, 전자장, 전기기기 등 제목만 들어도 부담감이 확 드는 강의들이 줄줄이었다. 어느 과

대학 2학년 때 전공 선택을 앞두고 받았던 제어계측공학과 소개 팸플릿

목 하나 쉬운 게 없었다. 실제로 공부를 하다 보니, 온갖 멋진 기술을 구현한다고 쓰인 그 팸플릿만 멋졌다는 생각이 들 때도 있었다.

　다시 말하지만, 정말 공부는 쉽지 않았다. 혹시 이 길이 아닌 건지, 내 적성과 안 맞는 건지 매일 고민을 거듭했다. 하지만 하루도 빼놓지 않고 도서관에는 다녔다. 그렇게 하루하루 버티다 보니 3, 4학년이 되자 그 힘겹던 공부에 감을 잡게 되었다. 공부하는 법도 터득하게 되고 잘하는 과목도 생기고 자신감이 붙었다.

　내가 대학을 다니던 시절은 학생운동이 활발하던 시기로 주위에는 학생운동에 몰입하는 친구들이 꽤 있었다. 학생

운동으로 연행된 같은 반(1학년 때는 학과를 정하기 전이어서 반 편성을 해서 공부했다) 친구를 관악 경찰서로 면회 간 일도 있었다. 나도 사회 문제에 참여하고 싶은 마음이 작지 않았지만 어머니를 다른 일로 또 고생시킬 수는 없었다.

공대 축제 마당극에 출연했을 때 모습

게다가 제어계측공학과 공부는 열심히 해야 겨우 따라갈 정도로 어려워서, 동아리 활동도 거의 하지 못한 채 공부에만 매진해야 했다. 그러던 중에 딱 한 번 공대 축제에서 마당극에 출연한 적이 있다. 이제는 정확한 스토리가 기억나지 않지만 나는 좀 '센 여자' 역할을 맡았던 것 같다. 공대 뒤뜰 잔디밭에 연극 무대를 마련했는데, 학생들이 빙 둘러앉거나 서서 우리를 주목했다. 석사 지도 교수님은 어떤 여자의 큰 목소리가 들려서 창밖으로 내다봤더니, 내가 동기들을 모아놓고 호통 치며 그들을 휘어잡고 있었다며 그게 나에 대한 첫 기억이라고 들려주셨다. 연극에 참여한 모습을 나의 진짜 모습으로 기억하고 계신지도 모르겠다.

전자공학(제어계측공학과) 공부는 내용이 어렵고 분량이 어마어마하다. 교단에 선 뒤 나는 학생들에게 전자공학이 적성이 아니라고 느껴질 수 있는데, 그것은 실제로 맞지 않다기

강의실에서 같은 과 동기들과 함께

보다는 전자공학이 워낙 쉽지 않은 학문이어서 그렇다고 조
언해 준다. 오히려 어려운 분야이기 때문에 과정을 마치고 나
면 남다른 경쟁력을 갖추게 된다. 특히나 이 분야는 여성 전
공자가 드물기 때문에 여학생들은 더 많은 기회를 얻을 수 있
다. 그리고 다양한 기초지식을 배워야 하는 그 넓은 전공 공
부만 극복하면, 이후 연구자나 실무자는 훨씬 폭을 좁혀서 한
길만 파고들면 되니 오히려 더 쉬워진다고 귀띔한다.

네 번 도전 끝에 떠난 국비 유학

대학 4학년이던 어느 날, 버스를 타고 집에 가는 길
에 라디오 뉴스가 들려왔다. "올해도 정부는 국비 유학생 100

명을 선발하여….”

　그 순간, ‘어? 나도 유학을 갈 수 있겠네?’ 하는 생각이 퍼뜩 들면서 가슴이 두근거렸다. 외국 대학 캠퍼스에서 공부하는 모습은 상상만 해도 흥분이 되었다. 당시 내 주변에는 유학 가는 학생들이 더러 있었지만, 나는 유학 비용 때문에 엄두를 못 내고 있었다. 석사 과정까지만 공부할 작정이었다.

　새로운 길을 알게 된 나는 대학을 졸업하자마자 국비 유학생 선발 시험을 치렀다. 1차 시험인 영어와 한국사는 쉽게 통과했는데 2차 전공 면접시험에서 떨어졌다. 하는 수 없이 다음 해에 다시 치르기로 하고 대기업의 소프트웨어 연구원으로 취직했다. 나는 1년간 일하면서 시험을 다시 준비해서 치렀다. 그런데 또 떨어지고 말았다. 어렵지 않게 무난히 시험을 잘 치렀는데 왜 떨어지는지 알 길이 없었다. 그다음 해에도 역시 낙방해 결국 세 번이나 실패하고 말았는데, 그제야 어렴풋이 이유를 짐작할 수 있었다. 이 제도는 대학 졸업생보다 석사를 마치고 박사 유학을 가는 학생들을 더 많이 지원하는 게 아닌가. 나와 함께 국비 유학생 선발 시험을 본 석사 졸업 선배들이 하나둘 합격해 떠나는 것을 보고 나서야 눈치를 챘다. 나는 곧바로 1989년에 서울대 대학원 제어계측공학과에 들어갔다. 2년 뒤 신호처리 연구로 석사 학위를 받았고, 그해에 국비 유학생으로 선발돼 그토록 원하던 유학을 떠나는 데 성공했다.

　나처럼 네 번씩이나 국비 유학 선발 시험에 도전한 사

람은 드물 것이다. 나는 국비 유학이 아니면 유학을 갈 수 없었기 때문에 떨어질 때마다 심한 좌절감을 느끼면서도, 다시 도전하고 또 도전할 수밖에 없었다. 대기업 연구원으로 일을 시작했던 1986년 내 연봉은 600만 원이었다. 1년 동안 아무리 아끼고 저축해 봐야 150~200만 원을 모을 수 있었다. 유학은 꿈도 꿀 수 없는 금액이었다. 국비 유학생으로 뽑히면 1년에 1만 5600달러(당시 한화로 약 1200만 원)씩 3년간 지원을 받았다. 이공계생은 학교에서 연구 조교(리서치 어시스턴트)를 하면서 월급을 받을 수 있기 때문에 이 돈이면 학비, 생활비, 집세 등을 충분히 감당할 수 있었다.

당시 남편은 연구원으로 일하고 있었는데, 남편도 국비 유학 시험에 통과해서 둘이 함께 꿈에 그리던 유학을 떠나게 되었다. 미국 학교 몇 곳에서 입학허가서를 받았는데, 등록금이나 생활비가 적당하면서도 학교 명성이 좋은 텍사스 주립대학으로 정했다.

처음 하는 외국 생활

유학 생활에서 학과 공부로 고생하는 일이야 당연하게 받아들였는데, 막상 미국에 가니 아파트에 설치해야 하는 전기, 수도, 가스를 신청하는 전화 통화조차 제대로 하기 힘들었다. 직장에 다닐 때 영어학원도 다니면서 나름대로 유학 준비를 했는데 부족한 영어 때문에 미국 생활에 고충이 이만 저만이 아니었다. 당시 한국에는 없던 서브웨이 샌드위치를 한번 사 먹으려고 해도 점원들이 묻는 질문이 많아서 사 먹을 엄두를 내지 못했다. 우연히 한국인 친구 한 명이 채소를 모두 넣어달라는 말을 '에브리싱 온 잇(Everything on it)'이라고 표현하는 것을 보고 난 후에야, 나도 서브웨이 샌드위치를 먹을 수 있게 되었다.

학점을 주지는 않지만 외국 학생들을 위해 개설된 쓰기, 말하기 수업을 첫 학기에 수강했다. 말하기 수업에서는 대조(contradiction) 기법을 사용한 연설문을 작성하는 숙제가 있었다. 나는 나름껏 전공을 살려서 AM 방송과 FM 방송 기술을 대조하는 연설문을 야심차게 작성하여 발표했다. 그런데 담당교수가 전혀 알아듣지 못했다. 기술적인 내용이어서 그러기도 했겠지만, 많은 한국 사람이 그러하듯 FM의 '에프'라는 발음을 잘못했던 것이 주된 이유였고, 나는 상당한 좌절감을 느꼈다.

그 뒤로도, 질의응답과 토론이 많았던 세미나 형식 수업에서 스트레스를 정말 많이 받았다. 토론 내용에 대하여 하고 싶은 말을 내가 머릿속으로 정리해 문장을 구성하는 사이에 어느새 다른 주제로 넘어가곤 해서, 토론에 제대로 낄 수 없었다. 마치 열등생이 된 것 같은 느낌이었다.

오히려 수업 영어는 생활 영어보다 알아듣기 쉬웠다. 교수님이 칠판에 판서도 하고 교재도 있어서 그럭저럭 이해

연구실의 미국인 친구가 초대한 파티에서 연구실 친구들과 함께

할 만했다. 같은 연구실에 있던 외국인 학생들이 못 풀고 끙 끙거리던 문제를 나 혼자 풀어서 그들을 감탄하게 한 적도 있 고, 수학과에 가서 수강했던 과목에서 1등을 해서 담당 교수 를 놀라게 한 적도 있다. 물론 쉬지 않고 질의응답과 토론을 하는 세미나 수업에 적극적으로 참여하기까지는 시간이 좀 걸렸다.

　　박사 과정에서 나는 하드웨어 칩 설계에 대한 연구를 수행했다. 칩이란 IC(Integrated Circuit, 집적회로)라 불리는 반 도체 부품으로, 복잡하고 많은 기능을 집약적으로 제조한 것 이다. 휴대전화를 비롯해 전자 제품에 대부분 들어가는 아주 작은 까만색 조각이다. 칩은 전자 제품의 핵심 기능을 수행하 도록 설계되어 있어 그 제품의 머리 또는 두뇌라고 볼 수 있 다. 나는 주어진 특정 기능을 효율적으로 수행하는 알고리즘

(algorithm, 어떤 문제를 해결하기 위한 절차나 방법)을 제안하고, 그 알고리즘을 칩으로 설계하는 연구를 진행했다. 박사 과정을 마친 뒤에 일했던 벨 연구소와 시스코에서도 내가 맡은 일은 통신용 칩을 설계하는 업무였다.

박사 학위 수여식에 참석하여 남편과 함께

결코 쉽지 않은 일이었지만, 나는 자신감과 열정을 가지고 연구에 임했다. 인간관계가 매우 단순한 미국 생활 덕택이기도 했을 것이고, 가사 부담을 나누는 착한 남편을 만나 나름 안정된 좋은 환경 덕이기도 했을 것이고, 칭찬에 매우 후한, 단 한 번도 화를 내는 모습을 본 적이 없는 지도 교수님 덕분이기도 했을 것이다. 그래서 박사 과정 동안은 학부보다 훨씬 즐겁고 재미있게 지낼 수 있었다.

박사 과정 2년 차에 우리 가정에는 식구가 늘었다. 첫딸이 태어난 것이다. 공부와 살림에 아이까지 키운다는 것은 생각보다 훨씬 험난한 일이었다. 집에 사람을 쓸 만큼 경제적 여유는 없어서, 아이가 태어난 첫해에는 같은 아파트 단지에 살던 유학생 부인에게 아침에 아이를 맡기고 학교에 갔다가 오후 5시에 아이를 찾았다. 1년 뒤부터는 학교 근처의 교회에서 하는 데이케어 센터에 아이를 맡겼다.

당시 있었던 재미있는 에피소드가 하나 생각난다. 딸애는 꽤 오랜 기간 이곳에 다녔는데, 딸애가 어느 날 몸 상태가 별로 좋지 않았는지 데이케어 센터 앞에서 떨어지지 않으려고 나를 붙잡고 있었다. 마침 딸애의 단짝 친구인 미국인 남자아이 앤드류의 엄마가 보여서 잠깐 이야기를 나누었는데, 어디선가 한국말이 들려왔다. "우리 이거 갖고 놀까?" 돌아보니, 앤드류가 한국말로 우리 아이에게 같이 놀자고 말하는 것이었다. 나도 놀랐지만, 앤드류가 한국말을 한다는 것을 알게 된 앤드류 엄마는 더 놀랐다. 앤드류가 집에서도 가끔 알아들을 수 없는 말을 했는데, 그게 생각해 보니 한국말인 것 같다고 했다. 아이가 데이케어를 다니면서 영어를 빠르게 배우는 것 같다고 생각했는데, 딸아이 친구는 한국말을 빠르게 배우고 있었다.

아이를 키우며 공부하는 생활에서도 얻게 된 점은 있다. 좋은 생활 습관이 생긴 것이다. 미국의 데이케어 센터는 매우 이른 아침부터 아이를 맡아 주기 때문에 아침에 일찍 일어나 하루를 시작하고, 또 주어진 시간이 저녁 5~6시까지밖에 되지 않으니, 이 시간만큼은 헛되이 쓰지 않고 집중하는 습관이다. 아이들이 다 큰 지금에야 조금 더 늦게까지 일하기는 하지만, 우리 부부는 거의 20년이 넘는 기간을 이런 습관으로 살아왔다.

미국 뉴저지주의 머레이힐에 위치한 벨 연구소 본사

세계적인 벨 연구소로

학교와 집을 오가며 바쁘게 지내던 어느 날, 내가 연구하는 분야의 학계, 산업계 인사들을 앞에 두고 연구 결과를 발표할 기회가 있었다. 내 발표를 들었던 사람들 중에는 당시 세계 최고 연구소라 불리던 벨 연구소(Bell Labs)의 우(Les J. Wu) 박사님이 있었다. 영광스러우면서 떨리는 자리였다. 벨 연구소는 미국에서 전화 사업을 오래 독점하며 큰돈을 번 AT&T사가 세계 최초 전화기 발명가인 알렉산더 그레이엄 벨(Alexander Graham Bell)의 이름을 따서 1925년 설립한 연구소이다. 트랜지스터, 유닉스 운영체제, C 언어, 광케이블 등 전자·정보 통신 분야의 혁신적 기술을 개발하고, 노벨과학상 수상자를 일곱 명 배출한 통신계의 브레인과 같은 곳이다. 우박사님은 내 연구에 관심이 있었는지 발표 후 나에게 이런저런 질문을 많이 하셨다.

　　박사님은 내가 발표한 논문에서 제시한 아이디어와 그 아이디어를 구현하기 위한 절차를 마음에 들어했다. 내가 박사 학위 논문을 마무리할 무렵, 우 박사님은 지도 교수를 통해 나를 인터뷰(면접)하고 싶다는 요청을 해 왔다. 면접 직후 나는 박사 논문이 통과되기도 전에 벨 연구소 취업이 확정되었다. 남들이 모두 부러워하는 직장이라 다른 직장은 생각하거나 알아보지도 않고 뉴저지주에 있는 벨 연구소로 출근하기로 했다. 참고로 1986년 학부를 졸업하고 취업했을 당시 600만 원으로 시작했던 내 연봉은 1996년 박사 학위를 받고 벨 연구소에 취업했을 때 7만 5000달러(당시 환율로 약 8000만 원)가 되었다. 처음 회사와 취업을 확정지을 때 진행하는 계약 보너스와 이사 비용은 포함시키지 않은 금액이다.

　　학부만 졸업하고 돈을 벌기 위해 취업하겠다는 학생들을 나는 많이 보았다. 그럴 때 나는 학생들에게 이 이야기를 한다. 생계를 해결해야 하는 절박한 상황이 아니라면, 당장 취업하는 것보다 석사 또는 박사를 받고 취업하면 훨씬 더 높은 자리에서 더 많은 연봉을 받으며 일을 시작할 수 있다고. 시작할 때 차이뿐 아니라 더 빨리 승진하고 더 오래 직업을 유지하는 데에도 학위를 받는 것이 중요하다는 점을 내 사례를 들어 말하곤 한다. 참고로 이공계 대학원생들은 많은 경우 연구비 혜택을 받을 수 있기 때문에 학비 걱정은 하지 않아도 된다.

'채널 코딩의 전문가'라는 평가와 함께 받은
특별 주식 옵션

벨 연구소는 통신 분야의 미래 기술을 개발하는 연구 부서와 통신업체에서 의뢰하는 기술을 개발해 주는 개발 부서로 구성돼 있었다. 나는 개발 부서에서 통신회사가 의뢰한 디지털 텔레비전 수상기에 들어가는 신호 복조기 칩을 개발하는 팀에서 일했다. 복조(de-modulation)는 원거리 통신에서 아날로그 신호를 받아 컴퓨터가 사용하는 디지털 신호로 변환하는 과정이다.

신호 복조기 칩은 수상기로 전달된 변조 신호를 원래대로 복조하는 역할을 한다. 나는 이 과정에서 '해리스(Harris Corp.)'라는 회사에서 만든 신호 변조기(modulator)의 문제를 발견했다. 이미 완제품으로 개발된 변조기에서 나오는 변조 신호에 문제점이 있다고 보고하자 팀장은 믿지 않았다. 나는 며칠 동안 고생하며 증거를 찾아 들이댔고 팀장과 우 박사님까지 놀라게 만들었다. 벨 연구소는 이 문제를 해리스 쪽에 알려줌으로써 해리스와 앞두고 있던 다른 거래를 유리하게 진행할 수 있었다. 이 일로 나는 벨 연구소에서 '채널 코딩의 전문가'라는 소리를 듣게 되었고 특별 주식 옵션을 받았다. 이 일은 나의 지도 교수님에게도 알려져 지도 교수님에게서 "자녀를 키워 사회에 내보내는 기쁨이 어떤 것인지 알 것 같다"는 메일까지 받았다.

또 이런 일도 있었다. 우리 연구소의 최대 고객 중 하나인 캐나다 오타와에 있는 노텔이라는 회사에서 우리가 만든 칩이 작동하지 않는다는 문제를 제기해 출장을 가게 되었다. 캐나다에 도착한 첫날 나는 문제의 원인을 파악했다. 다행히 우리 칩의 문제가 아니라 노텔 쪽에서 복잡한 표준방식을 사용하여 구현된 출력 신호를 제대로 해석하지 못했기 때문이었다. 나는 부족한 영어 실력이지만 칠판에 그림을 그려가면서 설명해 그들의 문제를 해결해 주었다. 출장에서 돌아오니, 매우 만족한 노텔 쪽 담당자의 전화를 받은 나의 상사에게서 다음과 같은 칭찬을 들었다. "그녀는 사람들을 행복하게 만드는 재주가 있어(She has a talent that makes people happy)."

내가 평생 들어본 칭찬 중 가장 기억에 남는 말이다. 가정이나 일터에서 행복을 주는 사람으로 살 수 있다면 얼마나 좋은 일인가.

물론 힘든 일도 많았다. 나와 경쟁 관계라서 내가 이해하지 못하게 일부러 어려운 영어 단어만 써서 곤란하게 만들던 동료, 자신이 한 일을 부풀리고 내가 한 일도 자기가 한일로 끼워 넣던 동료, 심한 남성 우월 의식으로 내 의견을 따르지 않던 부하 팀원 등이 떠오른다. 또 연구소 동료들과는 문화적으로 다른 배경 때문에 사적으로 어울리는 친구가 되기는 어려웠다. 주로 주식, 자동차, 풋볼, 골프 등을 소재로한 이야기가 오가는 점심시간이나 국적 불명의 식사는 나의 미국 생활을 재미없게 만드는 것들이었다.

　　그런 중에도 생활은 안정되어 갔다. 벨 연구소에 다니면서 둘째 딸을 낳았고, 취업으로 경제적 여유가 생기면서 집에서 살림과 육아를 맡아 줄 아주머니를 구해 함께 살 수 있었다. 그 덕분에 일에 좀 더 몰두할 수 있었고 회사에서 더욱더 인정받을 수 있었다.

　　그렇게 벨 연구소에서 바쁘게 지낸 지 4년이 되어 갈 즈음이었다. 미국 IT의 메카인 실리콘밸리가 눈에 들어오기 시작했다. 국비 유학생은 반드시 한국으로 귀국해야 한다는 조건이 있었는데, 한국으로 돌아가기 전에 실리콘밸리에서 최신 기술을 경험해 보고 싶었다. 그래서 세계 최대 네트워크 장비 회사로 급성장해 당시 주식 시가 총액이 세계 최고인 시스코에 이력서를 냈다. 1박 2일에 걸친 면접 끝에 시스코로부터 나와 함께 일하고 싶다는 답변을 받았다.

　　그런데 벨 연구소에 이직 의사를 밝히자 우 박사님을 비롯해 부서장, 전무, 심지어 인사 담당 부서장까지 여러 사람이 며칠에 걸쳐 나를 붙잡았다. 내 마음이 흔들리지 않으니까 남편한테까지 연락해서 연봉, 주식 옵션, 특별 보너스 등을 모두 시스코와 동일하게 맞춰 줄 테니 나를 설득해 달라고 부탁했다. 나는 벨 연구소 쪽에 "내가 여기 남는다고 해도 2~3년 뒤에는 한국에 돌아가야 한다"라고 상황을 설명했다. 그제야 그들은 나를 놓아 주었다.

도전을 위해 시스코로

시스코에서는 통신망 장비인 라우터(서로 다른 네트워크를 연결해 주는 장치)에 들어가는 '전달 엔진 칩'을 설계했다. 새로 접하는 분야였다. 통신망에 대한 지식이 없는 상태에서 바로 실무에 투입되었기 때문에 어려움을 겪기도 했지만, 빨리 적응한 편이어서 어느 날부터는 '상태 기계의 여왕(state machine queen)'이라는 별명을 얻기도 했다. 칩을 하나 만들려면 내가 원하는 기능을 동작시켜야 한다. 이런 상태에선 이런 동작이 수행되어야 하고, 또 다른 상태에선 또 다른 의도한 동작이 수행되어야 한다. 전체적인 칩의 동작을 컨트롤하는 '블록'이 '상태 기계(state machine)'이다. 상태가 많아질수록 설계가 복잡해지는데, 나는 상태의 수가 몇십 개인 복잡한 스테이트 머신을 잘 만들어서 이런 별명을 얻었다.

프로젝트를 여러 개 겹쳐서 수행할 때도 있지만, 프로젝트 하나가 끝나고 그다음 프로젝트까지 시간 여유가 생길 때도 있다. 시스코에서도 한 달여 그런 기간이 있었다. 누가 시킨 일도 아닌데 나는 MPLS(Multi-Protocol Label Switching)라는 당시 뜨고 있던 새로운 통신망을 공부했다. 두껍지 않은 책이었지만 한 권을 제대로 읽고 공부해서 세미나를 했는데, 강의가 인기를 끌어서 시리즈로 몇 번 세미나를 했다. 강의료를 받는 것도 아닌데 동료 엔지니어들을 위해 이런 세미나를 한다는 것에 주변의 평가가 좋았고, 가르치는 것의 즐거움을

시스코 안의 내 자리에서(위)
시스코의 같은 팀에서 일하던 동료들과 함께(아래)

느끼게 된 계기가 되었다.

시스코의 점심시간은 벨 연구소 때보다 훨씬 즐거웠다. 주변에 한국 식당이 많아서 한국 음식을 좋아하는 외국인 동료들과 함께 점심을 먹으러 다니는 것도 작은 즐거움이었다. 사내 카페테리아에서 점심을 먹고 강둑을 산책하는 시간도 즐거웠다. 처음에는 나 혼자 시작했는데, 한둘씩 따라붙

더니 나중에는 상당한 인원이 산책에 참여했다. 오랜 세월 계속되는 산책 습관은 이때 만들어졌다. 장비와 실험기구가 널려 있는 실험실에 탁구대를 설치해 싱가포르 출신 인턴 엔지니어들과 탁구를 하기도 했다. 이렇게 시스코 생활은 일의 재미, 성취에서 오는 보람뿐 아니라 소소한 즐거움까지 있었지만, 시간이 갈수록 얼른 귀국해 한국의 학생들에게 내가 쌓은 지식을 가르치고 싶다는 열망이 강해졌다. 결국 2002년 이화여자대학교에 자리를 잡게 된다.

대학에선 알고리즘 연구로 방향 틀어

한국에 돌아온 이후 나는 연구 방향을 그간의 칩 설계가 아닌 알고리즘으로 바꾸었다. 알고리즘 연구는 어떤 주어진 문제를 해결하기 위한 기존의 연구 방법과 다른 새로운 방법, 조금 더 나은 방법을 제시하는 것이다.

내가 연구 방향을 튼 데는 연구 인력 문제가 있었다. 칩 하나를 설계하려면 엔지니어가 수십 명 필요하다. 잘 설계되었는지 확인하려 해도 수십 번 테스트해야 하며 시간이 오래 걸린다. 대학에 석·박사가 많지 않은 상황에서 칩 연구를 계속하기 어려웠다.

연구 인력을 확보하지 못하는 것은 교수로 일하면서 가장 아쉬운 점이다. 이화여대 교수 생활이 16년째인데 박사 졸업생을 2017년 처음 배출했다. 학부만 졸업해도 취업이 잘 되기도 하고, 이 분야가 워낙 어려우니까 석·박사까지 할 엄두를 잘 내지 않는다. 우리 과 교수가 11명인데, 석사는 1년에 10명 남짓 들어오니까 교수 한 명당 석사 한 명을 받기도 쉽지 않다. 나 역시 대학 시절에 공부가 워낙 어려워서 좌절을 많이 했기 때문에 석·박사로 진학하지 않는 학생들을 이해할 수 있다.

나는 박사 과정의 은사가 그러했듯이 학생들을 격려하려 애쓰는 편이고, 어떻게 하면 학생들이 좀 더 쉽고 재미있게 수업을 따라올 수 있을지를 많이 고민한다. 요즘 학생들은 학원에서 문제 풀이 수업에 익숙한 점에 착안하여, 몇 년 전부터 이전 학기에 우수한 성적을 받은 학생들이 동료 교수자(Peer Instructor)가 되어 연습문제 풀이 수업을 따로 진행하도록 했다. 또 어려운 내용은 수업 시간에 문제를 풀어 주는 시간을 따로 할애했다. 사실 수학 교과목이 아닌 경우, 대학 강의에서 교수가 직접 연습문제를 풀어 주는 것은 그리 흔한 일은 아니다. 이러한 시도는 나름 교육적 효과가 있어서 나의 강의 평가 점수가 올랐을 뿐 아니라, 성적을 잘 받은 학생들이 경쟁적으로 다음 학기 동료 교수자가 되겠다고 자원했다.

연구 환경은 아쉽지만, 한국에서 지내면서 좋은 점도 많다. 미국 생활은 연구로 인정받을 때 말고는 이렇다 할 재미가 없는 데 반해, 한국에서는 모국어로 동료 연구자들과 공동 연구를 하는 즐거움과 후배 여성 엔지니어를 길러낸다는 보람이 크다. 게다가 연구소나 회사와 달리 대학에서는 내가 연구하고 싶은 주제를 자유롭게 연구한다는 장점이 있다.

교수는 자신이 연구하고 싶은 주제에 대해 제안서를 작성하여 정부에 제출해 통과되면 지원금을 받아 연구할 수 있다. 제안서가 통과되려면 연구 주제와 연구 방법 그리고 연구를 수행할 수 있는 능력을 인정받아야 하는데, 이 능력은 주로 그때까지 연구 실적으로 판단된다. 교수로 부임한 직후 나는 연구 실적이 없다는 이유로 3~4년간 내리 지원금을 받지 못하는 좌절을 겪어야 했다. "제안서의 연구 주제도 좋고 연구 방법도 적절한데, 과연 제안서를 낸 연구자가 이걸 해낼 수 있을지 의문"이라는 평가를 받은 적도 있다. 연구소와 직장 경력은 인정되지 않고 논문 실적이 중요하게 반영되었기 때문이다. 시간이 지나고 논문 실적이 쌓인 이후로는 제안서가 탈락하는 비율이 줄었다. 여성 연구자의 비율이 워낙 낮기 때문에 여성에게 주는 가점의 혜택을 받아 그런지는 모르겠지만, 최근 10년 동안은 연구비 걱정을 전혀 하지 않고 연구를 진행하고 있다.

2010년에 나는 빈번히 참석해 오던 국제학술대회에서 튜토리얼(tutorial, 특정 주제에 대하여 기초부터 자세히 설명하는 강연) 발표를 했다. 강의 준비에 시간도 많이 써야 하고 3시간 30분 동안 진행하는 연속 강의에 체력도 달리는 쉽지 않은 일이었다. 강의가 끝난 뒤, 미국 텍사스주 대학 교수 한 분이

이화여대 전자공학과 대학원생들과 함께 간 소풍

이렇게 말했다.

"여자대학 교수가 와서 튜토리얼을 한다고 해서 매우 의심하면서 들어왔어요. 여자대학이면 바느질, 요리 등을 전공해야 할 것으로 생각했는데, 이런 공학 분야 학술대회에서 강의를 하다니 믿기지 않네요. 정말 좋은 강의였어요."

칭찬이었지만, 좀 씁쓸한 마음이 들었다. 아직도 여자대학에 대한 편견이 많다는 걸 느꼈다. 그래도 그 튜토리얼로 큰 소득이 있었다. 요즘 학계에서는 영향력 지수(impact factor, IF)가 높은 저널에 논문을 내면 좋은 연구를 한 것으로 평가받는데, 내 강의에 참석했던 〈IEEE 커뮤니케이션즈 서베이스 앤드 튜토리얼(IEEE Communications Surveys and Tutorial)〉 저널의 에디터가 초청 논문을 제안했다. IEEE는 국제전기전자기술자협회로서 전기전자 분야에서 가장 유명한 학회이고 세계 전역의 연구자들이 이곳에서 출판하는 논문지에 논문을 게재하고자 노력한다. 그분은 "물론 심사를 거쳐 통과되어야 한다"라는 단서를 달기는 했지만, 이 저널은 IF상으로 140여 개 논문지 중 1등으로서, 마다할 이유가 없었다.

2012년에 내가 이 저널에 논문을 게재했을 당시, 이 저널에 게재된 한국인 저자의 논문은 10편도 채 되지 않았을 정도로 논문을 게재하기가 쉽지 않은 저널이다. 나는 학자로서 큰 성취감을 느꼈다. 그 논문은 내가 하는 연구에 처음 들어오려는 사람들이 '이건 도대체 어떻게 연구하지?'라고 묻는 질문에 대한 답처럼 썼다. 하나의 예를 일관되게 사용해 12가지 알고리즘의 원리를 설명하고 그 성능을 비교 평가함으로써 알기 쉽게 연구 방법을 소개했다는 평가를 받았다. 몇 년 전에는 내가 연구하는 분야에서 최고로 평가되는 또 다른 IEEE 저널에 논문을 게재하겠다고 결심했다. 논문 초본을 제출하고 3년 동안 세 번 수정 권고를 거친 후 논문이 게재되었을 때의 기쁨은 여전히 생생하다. 많은 어려움과 좌절을 겪은 후 이루어 낸 것일수록 성취감은 더 크다.

대한전자공학회 최초의 여성 부회장

나는 학회 활동도 열심히 하는데, 71년 역사에 3만 명이 넘는 회원을 확보하고 있는 대한전자공학회에서 활동하는 여성 연구자의 숫자는 매우 적다. 임원으로서 하는 모든 활동이 내가 최초이다. 여성으로서 최초로 상임이사를 4년 동안 수행했고, 지금은 2년째 최초의 여성 부회장으로서 학회에서 주최하는 모든 학술 행사를 총괄하고 있다. 2016년에 열린 하계학술대회는 학회 70주년을 기념하는 특별한 학술행사로 준비했다. 학회의 70년 역사를 사진으로 돌아보는 사진 역사 전시관, 타임캡슐, 포토 존 등을 설치했고, 마지막 날 만찬에서는 유튜브에서 다운로드받을 수 있는 광고 영상들을 모아 전자 제품의 70년 역사를 돌아보는 시간을 마련했다. 참석한 많은 분이, 특히 학계와 산업체에서 오랜 세월 일한 분들이 감동을 받았다고 전해 주었다. LG전자 참석자들은 이후 LG 제품 홍보에 같은 콘셉트를 사용했다고 들었다.

2017년에는 한국 여성으로는 최초로 한국, 일본, 태국이 공동 개최하는 국제학술대회의 위원장으로도 일했다. 내가 학회 활동을 시작한 6~7년 전에는 같이 일할 수 있는 여성 연구자가 거의 없었는데, 최근 1~2년 동안 그 수가 조금 늘었다. 아직도 여성 비율은 3%도 채 되지 않지만, 그동안 남자들이 운영하던 학회 분위기보다 훨씬 부드럽고, 의견의 다양성을 존중하는 문화가 형성돼 가는 것을 느낀다.

몇 년 전 상임이사로 일하던 시절, 여성이 부회장이 된 적이 없으니 상징적으로라도 선출 과정 없이 나를 곧바로 부회장으로 임명하자는 명예 회장님들의 논의가 있었다. 그 후 아무런 이야기가 없어서 섭섭하기도 했지만, 몇 년 상임이사로 활동한 후에 평의원들의 직접 선거로 당당히 부회장으로

국제학술대회의 위원장으로서 개막 연설

선출되었다. 생각해 보면 그때 부회장으로 임명되지 않은 것
이 다행스럽다. 아무리 여성이 극소수라도 경험을 쌓고 단계
를 밟아 부회장으로 선출되는 것과 그냥 임명되는 것은 떳떳
함이나 자부심에서 차이가 크다. 여성이라는 이유로 지명된
게 아니라 선거로 선출되어 부회장으로 일하기에 더욱 적극
적으로 의견을 내고 책임 있는 일을 담당할 수 있는 것이 아
닌가 싶다.

    미국에서는 차별철폐조치(Affirmative Action) 중 하나로
서, 여성이 극소수인 분야에서 여성을 우대하는 정책을 시행
하고 있다. 이런 정책은 여성의 비율을 빠르게 올리는 데 도
움이 되지만, 그러한 정책의 혜택을 받아 일하는 여성들이 더
크게 성장하는 데에는 오히려 방해가 되는 면이 있을 것 같
다. 우리나라에서는 이러한 점까지 고려해 여성 인력 정책을

세심하게 설계해 나갔으면 한다.

전문가의 중요한 덕목은 '끈기'

내가 생각하기에, 어떤 분야에서 전문가로 살아남는 데 가장 중요한 덕목은 첫 번째가 자기가 하는 일을 정말로 좋아하는 것이다. 학자로 알고리즘을 연구하는 내가 새로운 알고리즘 또는 더 좋은 알고리즘을 떠올리는 때는 컴퓨터 앞에 앉아 있거나 다른 사람의 논문을 읽을 때가 아닌, 양치질을 하거나 버스를 타고 창밖을 내다볼 때였다. 평소에도 내 내 관심을 갖고 의식과 무의식이 온통 알고리즘에 가 있기 때문에 뜻밖의 순간에 아이디어가 떠오르는 것이다. 그만큼 내가 하는 일을 좋아하고 재미있어 해야 평소에도 아이디어가 샘솟을 수 있다. 그래서 자기가 진심으로 좋아하는 일을 찾는 게 첫 번째다.

두 번째는 끈기다. 학부생들을 가르치거나 연구 지도를 하면서 학생들이 조금만 더 참아내면 좋을 텐데 막바지 고비 앞에서 손을 놓아버려 너무 안타까운 경우를 많이 보았다. 조금 어려워서 좌절하면 '이 길이 아니고 다른 길이 내 길이 아닐까' 하고 다른 생각을 하는 것 같다. 좌절은 항상 하게 마련이다. 특히 전자 분야는 어려워서 다른 분야보다 더 좌절감을 느낄 때가 많다. 전자 분야는 과거에 축적된 기술을 모르면 새로운 길로 나아갈 수 없다.

1897년 조지프 존 톰슨(J. J. Thomson)이 전자(electron)라는 미립자를 발견한 때를 전자공학의 시작이라고 친다면 전자공학은 지난 120년간 기술이 가장 급속도로 발전한 분야다. 기술 발전 속도가 매우 빠르기 때문에 과거에 축적된 기술을 배우는 데도 허덕거리기 쉽다. 넓고 방대한 전자 분야중 한 가지 연구를 파고드는 연구자가 되기 위해 넘어야 하는 최초의 장애물이 방대한 전자 분야의 기본을 파악해야 하는 점이다. 한마디로 새로운 연구는 쏟아지고 알아야 할 것은 광범위하다. 도처에서 좌절이 발목을 잡을 텐데 이때 필요한 게 근성이다. 어떤 학자나 전문가도 좌절 없이 타고나서 잘하게 된 경우는 드물다.

그리고 여성이 전문가로 살아남으려면 아내의 경력 개발과 유지에 협조적인 남편을 만나는 게 매우 중요하다는 점을 덧붙이고 싶다. 남편과 아내가 동시에 공부하는 일은 경제적으로나 양육 문제에서나 쉬운 일이 아니기 때문에, 유학 중간에 학업을 포기하거나 남편이 학위를 받은 후 공부하겠다는 여성을 많이 보았다. 그분들 중 아주 적은 수만이 학위를 마치는 데 성공한다. 학위를 받을 충분한 능력이 있는데도 학업에 대한 우선순위에서 밀리고, 육아에 밀려 학위를 포기한 경우이다. 결혼 초기에는 나도 남편과 가끔 다투었다. 가사와 육아에 대한 생각의 차를 좁혀 나가는 기간이었다고 생각한다. 그래도 유학 시절 단 한 번도 포기를 생각한 적 없이 가사와 학업을 병행해 나갈 수 있었던 것은 남편이 육아에 매우 적극적이고 가사를 공평하게 분담해 준 덕택이라 생각한다.

지금은 일주일에 몇 번 집안 살림을 도와주는 분이 와 주기는 하지만, 여전히 남편은 식탁을 차리고 나는 설거지를 하는 식으로 가사가 분담되어 있다. 경쟁적인 성격이었던 과거의 나에 비하여 지금의 나는 스스로 평가하기에도 훨씬 편안하고 너그러운 사람이 되어 있다. 공평하고 합리적인 남편을 만나 오랜 기간 큰 갈등이나 다툼 없이 살아온 덕이 아닌가 싶다.

내가 좋은 성적을 받았을 때나 국비 유학에 합격했을 때, 학위를 받았을 때와 같은 어떤 성취를 이루어 냈을 때 어머니는 늘 "고맙다"는 말씀을 하셨다. 어렸을 때는 '잘했다'는 칭찬이 아니라 '고맙다'는 말씀이 좀 이상하다고 느꼈는데, 살아가면서 점점 어머니의 뜻을 이해하게 되었다. 어머니는 자식들이 이루어 낸 좋은 일들에 늘 감사하는 마음을 갖고 사신 것 같다. 그런 어머니를 보고 자라서인지 나 또한 내게 일어나는 일상의 일들에서 감사함을 많이 느낀다. 내가 지도하는 학생들이 어떤 성취를 이루어 냈을 때 나도 모르게 어머니처럼 학생들에게 "고맙다"는 말을 한다. 대학으로 옮긴 지난 15년간 좋은 연구 결과를 내고 논문을 써 보겠다고 열과 성을 다해서 살아왔다. 아직 학계에서 이루고 싶은 목표가 몇 가지 있긴 하지만, 앞으로는 논문보다는 다른 형태로 사회

적 기여를 하고 싶다. 그것이 무엇이 될지는 아직 고민 중이
지만, 내가 속한 공동체를 위하여 재능을 사용할 수 있다면,
그리고 그 일을 내가 진심으로 좋아하고 잘할 수 있다면 정말
좋겠다. 물론 그 일에도 공학자로서 쌓아온 경험과 성과가 든
든한 바탕이 될 것이다. 앞으로도 일상의 모든 일에서 감사함
을 느끼며 살아갈 것이다.

칩 제조 과정

칩이란 IC(Integrated Circuit, 집적회로)라 불리는 반도체 부품으로, 복잡하고 많은 기능을 집약적으로 제조한 것이다. 휴대전화를 비롯해 대부분 전자 제품에 들어가는 작고 까만 조각이다. 칩은 전자 제품의 핵심 기능을 수행하도록 설계되어 그 제품의 머리 또는 두뇌라고 볼 수 있다. 반도체 칩은 다음과 같은 여러 과정을 거쳐 설계된다.

· 스펙과 최상위 구조 정의

칩 설계에서 가장 중요한 과정으로, 설계 제작하려는 칩이 수행해야 하는 기능과 구조를 정의하는 과정이다. 칩 내부에서 수행해야 하는 기능을 나누어 블록도(block diagram)로 형상화한 후, 블록별 기능은 무엇이고 블록들 사이에 어떤 데이터를 주고받는지 등을 정한다. 칩의 동작 주파수나 메모리 크기, 전력 소모 등을 고려하게 되는데 이를 칩의 스펙이라 한다. 또 전체 개발 일정을 잡고, 칩의 동작시험(verification)은 어떻게 진행할지에 대한 계획도 세운다. 칩 내부의 동작뿐 아니라 이 칩과 연결되어 함께 동작해야 하는 외부 디바이스에 대해 지식과 경험을 골고루 갖추고 있어야 이 일을 담당할 수 있다.

FPGA

· 설계와 검증

HDL(Hardware Description Language)이라고 불리는 하드웨어 설계 언어를 사용해서 앞 단계에서 형상화한 블록들을 여러 엔지니어가 나누어 설계한다. 컴퓨터 시뮬레이션으로 각 블록의 동작을 검증하는데, 테스트 벤치라고 불리는 코드를 작성해서 입력 데이터를 넣고, 출력 데이터를 확인해 정확하게 동작하는지 검증한다. 각 블록의 설계가 끝나면 블록들을 통합(integration)해 하나로 만들고, 의도한 기능을 정확하게 수행하는지 전체 동작을 검증한다. 컴퓨터 시뮬레이션을 통한 전체 칩 설계의 검증에는 시간이 매우 많이 소요되기 때문에 FPGA(Field Programmable Gate Array)를 사용해 시제품을 만들어 검증하기도 한다.

· 합성

HDL을 사용해 설계된 코드는 컴퓨터 합성(synthesis) 과정을 거치게 된다. 이때 칩의 공정에서 사용할 실제 기술의 특성을 고려하게 되며 동작 주파수, 타이밍 규격 등을 입력해 칩의 스펙이 만족되도록 합성을 진행한다. 합성 과정을 거치면 연결 관계(netlist)를 얻는다.

· 블록 배치

합성 과정을 거친 블록들을 반도체 위에 어떻게 배치할지, 배치된 블록들을 어떻게 연결할지를 결정하는 과정이다. 배치 과정을 마친 반도체는 공장으로 보내져 제조된다.

· 제조와 검증

반도체를 외부 충격에서 보호하고 다양한 환경에서 장시간 사용할 수 있도록 전기적으로 포장(packaging)하는 것으로 반도체 제조가 완료된다. 이렇게 만들어진 칩을 평가보드(evaluation board) 위에 붙여 의도한 기능을 잘 수행하는지, 처음 정의한 스펙을 만족하는지 테스트한다. 발견된 오류의 정도나 수준에 따라 간단한 수정을 진행할 수도 있지만, 심각한 경우에는 칩을 새로 제작해야 할 때도 있다. 칩 설계의 전 과정은 6개월에서 1년 정도 걸린다.

전자공학을
전공하면…

최근 50여 년간 전자 분야가 한국을 먹여 살렸다고 해도 지나친 말이 아니다. 삼성전자, LG전자 등의 가전제품이 세계를 휩쓸면서 일자리와 국민소득에 기여한 바가 크다. 한국의 대표적 수출품인 자동차를 보통 기계공학의 산물이라 생각하지만, 자동차 한 대에 들어가는 수많은 전자 부품을 들여다보면, 자동차도 전자 제품이라 할 수 있다. 요즘 많은 관심을 받고 있는 전기 자동차, 자율주행 자동차 등을 고려한다면 더욱 그렇다. 전자 제품은 과거부터 현재까지 한국의 경제성장을 주도했을 뿐 아니라 미래까지 책임질 분야다. 휴대전화나 로봇 등 전자 제품의 발전 속도가 가팔라지면서 이 시장의 전망은 더욱 밝아지는 한편 지속적으로 일할 기회가 많다. 4차 산업혁명 시대에 핵심기술로 꼽히는 기계학습, 인공지능, 로봇공학 등은 모두 전자공학과 컴퓨터공학에서 연구하는 분야이다.

전자공학과에서는 전자, 전기, 통신, 반도체, 컴퓨터 분야 등의 기술을 공부하는데, 최근에는 자동차, 항공, 생명공학, 화학 등 공학의 전 분야와 융합하여 응용되고 있다. 새로운 것에 호기심이 많고 컴퓨터 같은 기계를 다루기 좋아하는 학생이라면, 전자공학 전공을 고려해 봤으면 한다. 완성된 제품을 만들어 내기까지 진행되는 모든 과정에서 실수가 없어야 하므로 꼼꼼한 성격이면 더욱 좋다. 기본적으로 수학과 물리학 같은 이공계 과목을 잘하면서 복잡한 수식을 잘 이해하고 계산하는 능력이 필요하다. 또 개발 내용을 체계적으로 정리하고 문서화해야 한다는 점에서 논리적 사고력과 글쓰기 능력도 중요하다.

전자공학을 전공한 후 진로를 꼽아 보면, 전자 관련 제조업체, 통신업체, 전자 부품 또는 전자 기기 설계 및 제조업체, 첨단 의료장비 제조업체,

위성 통신 및 위성 방송 관련 업체나 관련 연구소 등 다양한 직종으로 진출할 수 있다.

전자공학은 특히 여성들에게 전망이 더 좋다고 본다. 대부분 여성 전자공학도가 학부 졸업 후 석·박사, 유학까지 가는 경우가 드물어 전문가가 매우 희소한데 여성 전문가가 필요한 곳은 많기 때문이다. 실제로 현장에서 일해 보면, 꼼꼼한 성격이 장점으로 작용한다. 칩은 설계 이후 제대로 설계되었는지 꼼꼼하게 다각도로 테스트해야 하는데, 그런 점에서 여성의 섬세함, 인내가 남성과 비교되지 않게 빛이 나는 경우가 많다. 또 다른면은 대다수 여성이 남성들보다 같이 일하는 사람들과의 화합을 훨씬 중요한 가치로 여기는 점이다. 경쟁 상대로 느낄 수 있는 상대조차 배려하고 화합하고자 하는 여성들을 많이 보아 왔다. 팀을 이뤄 해야 하는 일이 대부분인 공학 기술 관련 업무에서는 여성의 이러한 특성이 좋은 성과로 이어지는 경우가 많으며, 그런 점에서도 여성 인력을 구하는 곳이 적지 않다.

독성 물질을 예측하는 오믹스

환경공학자
최 진 희

환경 유해 물질의 분자 수준 독성 메커니즘 규명과 위해성 평가 연구를 수행해 왔다. 환경독성을 예측하기 위해 환경 오믹스 등을 활용해 시스템 독성학 모델을 개발하고 있다. 서울대학교에서 생물학(학사)과 환경계획학(석사)을 전공하고 프랑스 파리 11대학에서 환경독성학 전공으로 박사 학위를 받았다. 2002년부터 서울시립대학교 환경공학부에 재직하며 환경독성학 및 위해성 평가 분야의 강의와 연구를 하고 있다. 톰슨 로이터 선정 '논문 피인용 지수 세계 상위 1% 과학자'에 2015년부터 3년 연속 이름을 올렸다. 연구 못지않게 학생들을 가르치는 일을 좋아하며, 교내에서 '강의 우수교수상'을 몇 차례 수상했다.

1월의 어느 밤. 휴대전화 알람이 울렸다.

아는 교수님이 보낸 문자 메시지로, "최진희 교수님,

세계 1% 과학자 되신 거 축하드려요"였다.

나는 "이 밤에 무슨 장난이세요?" 하고 되물었다.

그분이 보내준 기사의 링크를 열어보니, '세계에서

가장 영향력 있는 과학자 상위 1%'라는 기사에 내

이름 석 자가 올라가 있었다. 그렇게 처음 선정

소식을 알았다.

다음 날은 아침부터 축하 메시지가 쏟아졌다.

대학원 학생들이 실험실 단체 채팅방에서

축하해 주었고, 학교 홍보실에서도 연락이 왔다.

얼떨떨하면서도 기쁘고 감사했다. 나 역시 여느

연구자처럼 힘든 환경에서 연구를 이어 오면서 과연

내 연구 방법이 맞을까 때때로 의심해 왔는데….

평범하지만 포근했던 어린 시절

여동생과 남동생을 하나씩 둔 나는 맏딸이다. 그러
나 맏이라고 해서 부모님이 너무 큰 책임을 지우지는 않았다.
여느 가정과 비교해 봐도, 나는 크게 내세울 것 없는 평범한
가정에서 자랐다. 아버지가 일요일이면 직접 앞치마를 두르

고 가족을 위해 요리를 할 정도로 자상했다는 점만은 조금 남달랐다고 할까. 어머니는 강인한 성품을 지닌 분으로 자녀들에 대한 교육 의지가 대단했고 언제나 나를 적극적으로 지지해 주셨다. 부모님의 든든한 울타리 안에서 우리 삼남매는 별걱정 없이 뛰어놀며 어린 시절을 행복하게 보냈다.

나는 어려서부터 그림 그리기를 좋아했다. 미술학원에 다녀본 적은 없는데 초등학교 때부터 그림 대회에서 상을 많이 받았다. 연필과 종이만 있으면 온종일 주변의 사물을 그림으로 그렸고, 만화도 많이 따라 그렸다. 중학교 때 미술 선생님은 미대 진학을 권유하기도 했다. 하지만 당시는 요즘처럼 예체능 재능을 적극 키워 주는 분위기가 아닌 데다 내가 공부를 좋아하기도 해서 아쉽지만 그림은 취미로만 간직하게 되었다.

그림을 제외하고 나니 나에게는 특별히 "와! 이거야" 하는 과목이 없었다. 모든 과목을 두루 잘하기는 했지만 나는 좋게 말해서 문·이과 성향을 고루 가지고 있었고, 나쁘게 말하면 특별히 뛰어난 게 없었다. 그런데 이과를 택한 이유는 성격이 사교적이거나 리더십이 있는 스타일이 아니어서 조용히 연구하는 일이 맞겠다는 판단이 들어서였다. 이과 중에서는 막연히 자연의 이치를 이해하는 것을 목적으로 하는 자연과학이 멋있어 보였고, 그중 생명 현상을 이해하고 탐구하고 싶다는 생각이 들어서 생물학도가 되어 보기로 했다. 마침 그무렵에는 분자생물학, 유전공학 붐이 일면서 생명 현상을 첨단 연구 방법으로 탐구하는 게 멋지게 보였다. 중·고등학생이던 1980년대에도 지금처럼 입시 중압감과 스트레스는 만만치 않았지만, 새로운 것을 배우고 익히기를 좋아하는 편이어서 그 시절을 큰 탈 없이 넘길 수 있었던 것 같다.

동생들과 함께(맨 오른쪽이 나)

물론 이때는 훗날 생물학에서 벗어나 독성 연구에 전념하게 될 줄은 전혀 상상하지 못했다. 가습기 살균제 사건, 생리대 유해 물질 검출 등 최근 화학 물질의 안전성에 대한 우려의 목소리가 매우 커지고 있는데, 이는 내가 하는 일과 직결된 문제들이다. 편리함을 위해 개발된 화학 물질이 우리 몸에 악영향을 끼치는 독성을 품고 있지는 않은지 사전에 유해성을 평가하는 연구로 그 중요성이 점점 커지고 있다.

대학 시절, 갈림길에 서다

내가 대학에 들어간 1987년은 우리 사회의 대격변기였다. 독재정권에 대한 저항이 사회 곳곳에서 터져 나오던 때여서 대학생들에게 공부보다는 사회에 대한 고민이 우선이었

여전히 연구실 책장에 꽂혀 있는 대학 1학년 교재들로 프랑스 유학 때도 갖고 다녔다(생물학, 세포생물학, 일반 화학, 분자생물학, 기초 생태학 등).

고, 수업과 시험 거부가 일상이었다. 바로 그해에 대학에 입학한 나는 대학생이 되었다는 뿌듯함을 오래 누리지 못했다. 대학 시절이 혼란 자체여서, 나 역시 여느 학생들처럼 사회 문제를 붙들고 고민했다. 고등학교 때까지 진리인 줄 알고 교과서에서 배웠던 내용이 진리가 아닐 수도 있다는 전혀 다른 관점이 열리는 시기였고, 처음으로 세상을 만나는 시기였다.

대학 공부는 그렇게 어수선한 사회 분위기에서 시작되었다. 게다가 대학 강의는 고등학교 때 수업과는 판이해서 당황스러울 정도였다. 모든 과목의 교재가 원서였고, 교수님들의 강의 용어 역시 다 영어였으며, 내용은 갑자기 어려워졌다. 그때 내가 겪었던 감정은 낯섦과 동경으로 이중적이었다. 새내기의 그 복잡했던 기분은 내가 쓰던 대학교 1학년 교과서를 볼 때면 생생하게 떠오른다. 어리숙했고 어떻게 살지 고민도 꿈도 많았던 그때.

2학년 2학기가 다 지나도록 나는 생물학의 기초를 배

우면서 정신없이 지냈다. 수업은 여전히 어려웠고 나는 푹 빠져들지 못했다. 하지만 어찌됐든 간에 3학년 때는 졸업 논문을 쓰기 위해서 실험실에 들어가야 했다. 나는 유전학 연구실을 선택했는데 처음엔 피펫(실험도구)을 잡고 실험 테크닉을 배우는 게 신기하고 즐거웠다. 이론 공부는 어렵게 느꼈지만, 이제 실험이라는 내 적성을 찾는가 보다 했다. 하지만 시간이 한참 지나도 이 실험을 왜 하는지, 실험의 의미가 무엇인지 큰 그림을 알 수 없으니 이내 답답해지고 흥미를 잃었다. 그 당시엔 눈을 마주치기도 어려운 교수님에게 "대체 이 실험을 왜 하나요?"라고 물어볼 수도 없는 노릇이었다.

그렇게 헤매다가 졸업 학년인 4학년을 맞이했다. 실험으로 논문을 쓸지, 다른 논문을 비교 분석하는 리뷰 논문을 쓸지 결정해야 했다. 그때는 우리 과 학생 대다수가 실험으로 논문을 쓰고 같은 학과의 대학원으로 진학했기에 실험을 하지 않는다는 선택에 상당한 용기가 필요했다. 나는 고민 끝에 생물학 쪽으로 진로를 밟지 않기로 결심하고 실험실에서 나왔다. 기초과학자의 꿈을 품고 대학에 진학했다가 이렇게 결론을 내리게 되니 여간 고통스러운 게 아니었다.

새로운 길을 찾기로 마음먹은 나는 다른 대학원을 알아보기 시작했다. 이공계지만 사회와 연결도가 높은 공부, 미세한 현상을 깊게 탐구하기보다는 넓게 보는 공부를 하기로 했다. 그때 '환경대학원'이 눈에 들어왔다. 우리 사회에서 환경에 대한 관심이 커지면서 정책대학원 성격의 환경대학원이 새로 세워지고 있었다. 요즘은 학문 간 융합이 많이 시도되지만, 당시엔 융합이 드문 시절이라 융합적 성격의 '환경'은 매우 새롭게 다가왔다.

환경공학은 대학원 입학시험을 준비하면서 처음 만난 것이나 다름없다. 공학적 접근은 생소했지만 어디에 물어볼 곳도 없어서 혼자 도서관에서 교재를 붙들고 독파하는 수밖에 없었다.

중·고등학교 시절을 모범생으로 보냈던 나에게 갑작스러운 진로 변화는 적잖은 좌절을 안겨 주었다. 돌이켜봐도 내 인생에서 가장 큰 방황기였다. 만일 그때 자연스레 마음이 가던 그림을 실컷 그릴 수 있었다면, 그 길로 빠졌을지도 모른다. 다행인지 불행인지 당시 서울대 캠퍼스에는 그림 동아리가 없었다. 대학에 입학하면 가장 먼저 할 일이 그림 동아리에 가입하려는 것이었는데…. 그래서 대학 생활에 더 적응하지 못했던 것 같기도 하다. 학부 전공에 정을 못 붙이던 시기에 만약 그림 동아리가 있었더라면 아마도 흠뻑 빠져서 내 인생이 달라지지 않았을까 가끔 상상해 본다. 그래도 다행인 건, 그때 내가 어려움을 겪어 봤기 때문에 학생들에게는 당장의 공부와 실험이 어떤 맥락에서 의미가 있는지 큰 그림을 보여 주려고 애쓴다는 점이다.

평생교육원에서 그린 그림들(2009~2011)

좀 더 넓은 공부가 시작되다

갈등한 끝에 선택한 길에 비로소 들어섰을 때의 설레는 기분은 겪어 본 사람만이 안다. 환경대학원 입학시험에 합격했을 때는 두려움도 조금 있었지만, 내 인생에서 거의 처음으로 내가 내린 중대한 결정이었기에 뿌듯함이 더 컸다.

그 당시 환경대학원은 행정대학원에서 분리 독립된 지 얼마 되지 않아 환경공학과 더불어 도시계획, 환경정책, 환경경제학 등 사회과학 분야도 공부할 수 있었다. 나는 하나의 현상에 집요한 이해를 추구하는 자연과학보다 폭넓게 공부하는 환경 분야가 마음에 들었다. 내가 환경대학원에 입학한 1990년대 초 환경 문제에 대한 인식이 커지기 시작했고, '지속 가능한 개발'이라는 개념도 처음 나오던 시기였다. 무엇보다도 환경은 사회에 즉각 도움을 줄 수 있다는 점이 기초과학보다 더 매력적으로 느껴졌다.

환경대학원에는 나처럼 학부 전공에 만족하지 못해 다른 분야를 추구하는 자연과학대, 공대, 농대, 사회과학대 등 다양한 학부 전공 학생들이 많이 모였다. 지금이나 그때나 환경에 관심을 가진 사람들 중에는 공공의 선을 추구하는 순수한 열정을 지닌 사람들이 많았던 것 같다. 학과 전공은 다르지만 비슷한 고민을 하며 대학원에 들어온 선배와 동기들을 만나면서 자연스레 환경을 보는 다양한 시각을 갖게 되었다. 환경대학원은 자연대 대학원과 달리 첫 1년은 실험실 생활을 하지 않고 대학 시절의 연속처럼 강의만 듣고 나머지 시간은 자유롭게 쓸 수 있었다. 이런 자유 속에 넓고 다양한 공부를 하며 환경 분야에 대한 꿈을 키워 갔다.

환경대학원 학생들은 실험실 생활 대신에 자발적인 세미나나 모임을 꾸려 공부했다. 당시 환경대학원의 분위기는 교수님에게서 연구 주제가 내려오는 톱다운(top-down) 방식이 아니라 학생들이 관심사에 따라 자발적으로 다양한 소모임을 만들어 공부하는 분위기였다. 나는 '환경과 사회연구회'(환사연)라는 세미나 모임에서 활동했다. 우리는 원자력의 안전성, 환경영향평가, 환경교육 등 우리 사회에 영향을 미칠 수 있는 여러 환경 이슈를 주제로 매주 세미나를 진행했다. 지금도 다양한 환경 분야에서 활동하는 환사연 멤버들과 몇 해 전 다시 만나, 그 당시 우리가 만들었던 문집을 보고 이 주제에 대해 다시 얘기해 봤다. 그 당시 우리가 고민했던 주제가 여전히 유효한 주제인 것에 우리 모두 놀랄 수밖에 없었다. 그만큼 환경 문제는 단기간에 해결하기 어렵고 지속적인 노력이 필요한 분야라는 뜻일 것이다.

대부분 환경대학원 학생들은 수질, 대기, 폐기물 분야와 관련된 주제 중 하나를 선택해 석사 논문을 작성했는데, 나는 이도원 교수님의 지도 아래 환경생태학 분야로 논문을 썼다. 석사 논문의 주제가 이산화탄소(CO_2) 증가에 따른 토양 미생물의 활동도(活動度) 변화에 관한 것이었다. 기후 변화와 관련된 주제이니 지금 생각해 보면 상당히 앞선 주제가 아니었나 싶다.

환경대학원을 졸업한 뒤 나는 자연과학을 공부했던 학부 시절보다 훨씬 넓은 시각을 갖춘 사람이 되었다. 그러나 한 분야를 깊이 있게 연구하지 못한 것에 아쉬움과 갈증이 생겼고 환경공학에 '올인'해도 될지는 계속 고민거리였다.

방향 선회와 이런저런 고민 속에서도 공부를 계속하겠

대학원 시절(1991)

다는 계획은 흔들리지 않았다. 학부 때부터 나는 프랑스로 유학을 가겠다는 꿈을 꾸었다. 수업을 들으면서도 틈틈이 프랑스어 학원과 대학의 교양 수업에서 프랑스어를 수강하면서 언어 공부를 했다. 전공이 바뀌어도 환경공학에 대한 확신이 서지 않아도 그 꿈은 유효할 만큼 강력했다. 남들은 모두 미국 유학을 가던 시절이었는데, 나에겐 프랑스에서 공부를 해 보고 싶다는 '로망'이 있었다. 1990년대 초 유럽은 많이들 가 보지 않은 미지의 대륙이었기 때문이다.

결국 나는 프랑스에 가게 된다. 환경대학원에서 석사를 마치고 결혼한 뒤 일주일 만에 남편과 함께 프랑스로 떠났다. 나는 1년 동안 프랑스어 연수를 하면서 박사 과정을 공부할 연구실을 찾아볼 계획으로 보르도 3대학에서 외국인을 위한 프랑스어 교육 과정에 입학했다. 와인으로 유명한 보르도에서 세계 각지에서 온 친구들과 함께 언어를 배우며 프랑스 문화를 접하는 생활은 그전까지 내 삶과는 많이 달랐다. 모든 것이 새롭고 즐거웠다. 지금도 어느 정도는 그렇다고 생각하지만, 그 당시는 우리나라에선 대부분 중·고등학교까지는 부모님과 선생님의 보호 아래 공부만 하고 대학에 들어가서야 비로소 자기 인생을 살 수 있었던 것 같다. 그런데 유럽의 학

프랑스 유학 시절(1996년 프랑스 남부 프로방스 지역 여행 중)

생들은 십 대 때부터 비교적 독립적으로 자기 인생을 살았기 때문인지, 함께 공부한 또래 유럽 친구들은 나와 나이는 같아도 자기 삶을 훨씬 더 주도적으로 살고 있었다. 한마디로 신선한 충격이었다. 문화적 차이는 있어도 나이가 비슷해서 통하는 면이 있어 서로 어울릴 수 있었다. 어학 연수 기간에 만난 친구들과 그 후 박사 과정을 함께한 프랑스 친구들은 삶의 주도성이라는 측면에서 내 인생에 많은 영향을 미쳤다.

　　보르도대학에서 프랑스어 어학 연수를 했던 1년은 내 인생에서 유일하게 전공 공부를 하지 않고, 큰 걱정 없이 지낸 행복한 시절이었다. 남편이 건축학을 전공한 덕에 건축물을 보러 여행도 많이 다녔다. 그러나 마음 한편에서는 프랑스에서 박사 과정을 할 곳을 정하지 않고 왔기 때문에 늘 불안했다. 혹시 박사 과정을 할 곳을 구하지 못하면 어떡하지 하는 불안감 때문에 그 시절의 자유를 완벽하게 즐기진 못했던

것 같다. 1년을 보내고 나니 프랑스어를 꽤 잘하게 된 소득이
있긴 했지만, 더 마음 편하게 즐기지 못했던 것은 후회스럽
다.

프랑스에서 발견한 생태독성학

　나는 박사 과정을 할 연구실을 찾아 여러 연구실(lab)
의 문을 두드렸다. 인터넷이 없던 때인지라 우편으로 다양한
연구실에 지원서를 내고 연락이 오면 직접 찾아가 인터뷰를
했다.
　"저는 한국에서 생물학과 환경공학을 전공하고 온 최
진희라고 합니다….."
　인터뷰는 그 분야를 알아 가는 기회이기도 해서 그 와
중에 생태독성학(Ecotoxicology)이라는 분야를 알게 되었다.
생태독성학은 생태학과 환경학이 접목된 분야로, 내가 학부
와 석사 과정에서 배운 것들을 연결할 수 있고 각각의 학문
에서 느낀 아쉬움을 채울 것으로 생각되었다. 파리 11대학의
프랑소와 라마드(François Ramade) 교수님은 생태독성학의 선
구자였고, 나는 그 교수님의 연구실을 두드렸다가 입학 허가
를 받았다. 몇 군데 두드린 연구실 중 가장 원했던 전공이라
서 그 기쁨은 말할 수 없이 컸다. 이렇게 나는 생태독성학과
만났고, 그것이 지금까지 하고 있는 내 일의 시작이었다.

프랑스 유학 시절 실험실 동료들(왼쪽 위가 카케 교수님)

　　내가 들어간 연구실은 그룹으로 이루어져 있었다. 정
년을 앞둔 노교수인 라마드 교수님이 그룹의 리더였고, 젊은
조교수였던 티에리 카케(Thierry Caquet) 교수님 그리고 프랑
스 국립 과학연구소(CNRS) 소속 엘렌 로쉬(Helene Roche) 박
사님이 한 팀이었다.

　　프랑스의 연구실은 같은 주제를 연구하는 소속이 다양
한 연구자들이 하나의 그룹을 이루는 게 보편적이다. 연구실
이라고 하면, 교수님과 학생들만 참여하는 한국의 연구실만
알고 있던 나에게는 이런 그룹 연구 환경이 매우 참신하게 다
가왔다. 지도 교수 한 명이 아니라 여러 전문가에게 지도받을
수 있는 프랑스 대학의 연구 환경은 학생들에게 많은 도움이
되었다. 나는 생태계 수준의 거시적인 생태독성학 접근법은
카케 교수님에게, 생화학적 바이오마커(biomarker)를 이용한
마이크로한 생태독성학 접근법은 로쉬 박사님에게 지도를 받

앉다.

생태독성학은 환경오염물질의 독성을 다양한 생물학적 단계에서 분석하여 환경오염물질에 대한 생태계의 영향을 포괄적으로 규명하는 학문이다. 전통적으로 생태독성학은 환경생물종에서 개체군과 군집 수준의 영향 분석으로 접근했다. 예를 들어, 수질오염 정도를 강에 서식하는 생물을 직접 관찰하여 판정하는 식이었다. 그러나 1990년대에 들어와서는 분자 및 생리·생화학 수준의 바이오마커를 이용한 생태독성학 연구가 본격적으로 시작되었다.

생태독성학에서 바이오마커는 환경 진단에 사용할 수 있는 미세 수준의 지표이다. 우리가 병원에서 건강 검진을 받을 때, 혈액 검사에서 나온 여러 수치로 우리 몸의 건강을 체크할 수 있듯이, 환경 바이오마커로 환경오염 정도를 진단할 수 있다. 미리 진단할 수 있으니 이를 활용해 환경오염도 예방할 수 있다. 환경이나 생태계를 그런 지표로 본다는 개념은 그 당시엔 전혀 없던 것이어서 우리 연구실은 이 분야에서 선구적인 곳이었다. 환경에 서식하는 생물에서 바로 이런 생리·생화학 수준 바이오마커를 개발하고, 이를 실제 현장에 적용하는 연구를 주로 했다.

또 대규모 생태독성 야외 실험 장치인 메조코즘(mesocosm)을 캠퍼스에 설치하고 자연 생태계를 모사하는 환경을 조성한 뒤, 화학 물질을 처리하여 실제 자연 조건에서 화학 물질에 대한 생태계의 영향을 연구하기도 했다. 지중

해 연안의 청정지역과 오염지역에서 화학 물질의 분포 추이와 서식 생물에서 바이오마커를 추적하는 장기 바이오모니터링 프로젝트도 수행했다. 환경매체와 생물체에서 화학 물질을 분석하는 실험도 배웠다. 박사 과정 동안 나는 다양한 프로젝트에 참여하면서, 화학 물질 분석과 그에 따른 조기 영향(early response)인 바이오마커를 분자·세포 수준에서 분석하고, 이들이 미치는 영향을 생태계 수준 영향과 연계하는 연구를 수행했다.

지금은 보편화되었지만, 1990년대 초에는 분자생물학, 생화학 연구 방법은 기초 생물학이나 의·약학 분야에 통용되는 연구 방법론이었을 뿐, 환경 분야에 적용하는 일은 매우 드물었다. 그 당시 우리나라에는 환경공학만 있었을 뿐 생태독성학은 개념조차 없었다. 환경오염물질의 영향을 분자·세포 수준에서부터 생태계 수준까지 아우르는 전체적 관점(holistic approach)으로 보는 생태독성학 연구는 내 관심과 잘 맞아떨어져 매우 행복하게 공부했다.

실험실에서 연구하는 기초 생물학은 나에게 맞지 않는 분야라 생각해서 그 분야를 떠났던 내가 이렇게 돌고 돌아 환경 분야에서 기초 생물학을 활용한 연구를 다시 하게 되었다. 학부 때는 그렇게 재미없었던 실험이, 왜 하는지 의미를 명확히 알고 하니 무척 재미있었다. 박사 과정에서 나는 '연구의 맛'을 알게 되었다. '내가 원하는 게 이거였구나! 내가 이걸

ORSAY
n° d'ordre

UNIVERSITÉ DE PARIS-SUD (XI)
U.F.R. SCIENTIFIQUE D'ORSAY

THÈSE

presentée pour obtenir le grade de
DOCTEUR EN SCIENCES
DE L'UNIVERSITÉ PARIS-SUD (XI)

Spécialité : Sciences de la Vie
(Physiologie des Invertébrés)

par

Jinhee CHOI

SUJET : Étude des effets biochimiques et écophysiologiques du bichromate de
potassium et du fénitrothion sur *Chironomus riparius* (Meigen) (Diptères,
Chironomidae) en vue de l'identification expérimentale de biomarqueurs.

Soutenue le 1ᵉʳ Octobre 1998, devant la Commission d'Examen

Mr.   F. RAMADE ; Université de Paris-Sud   Président
Mr.   J.- F. FERARD ; Université de Metz   Rapporteur
Mr.   G. BOGÉ ; Université de Toulon et Var   Rapporteur
Mr.   J. GENERMONT ; Université de Paris-Sud   Examinateur
Mr.   M. ECHAUBARD ; INA-PG   Examinateur
Mme. H. ROCHE ; CNRS - Université de Paris-Sud   Examinateur

프랑스어로 쓴 박사 학위 논문

하려고 이렇게 먼 길을 돌아왔구나!'라고 느끼며 내 생애에서 가장 즐겁게 공부했다. 아마 대학 때부터 흥미를 가지고 비슷한 분야를 공부했더라면 이런 느낌을 받지 못했을 것이다.

강의를 하다 보면 뭘 좋아하고 뭘 해야 할지 모르겠다는 학생들을 많이 만난다. 그럴 때는 학생들에게 이렇게 말해 준다. "살다 보면, 어느 순간 '클릭'이 오는 순간이 있어요. 포기하지 말고, 찾아보고 기다려 보세요."

매일 공부가 즐거웠던 박사 과정을 마친 뒤 프랑스어로 박사 학위 논문을 썼다. 지금은 프랑스에서도 박사 학위 논문은 영어로 많이 쓴다고 한다. 하지만 내가 학위를 받은 1990년대 후반 프랑스 학계는 보수적인 분위기여서 학위 논문을 프랑스어로 쓰도록 하는 곳이 많았다. 그래서 박사 과정에서 수행했던 연구의 주요 결과를 국제학술저널에 영어 논문으로 내고, 별도로 200여 쪽의 박사 학위 논문은 프랑스어로 썼다. 물론 지도 교수님의 세심한 지도가 없었으면 불가능했을 일이다. 이 논문은 지금까지도 자부심을 주는 일 중 하나다.

서울시립대를 방문한 프랑스 지도 교수님, 시립대 학생들과 함께(2016년 9월)

　　당시 내가 있었던 연구실에는 프랑스 학생들뿐만 아니
라 유럽의 여러 나라, 아프리카, 아랍 등 국적이 다양한 학생
들이 있었다. 1990년대 프랑스는 다양한 문화를 접할 수 있
는, 지금보다 훨씬 열린 나라여서 20대 절반을 보낸 유학 생
활이 연구 외적인 면에서도 내 삶에 많은 영향을 미쳤다. 가
치관과 인생관이 서로 다른 사람들과 어울린 경험은 지금까
지 내 인생의 큰 자양분이 되어 조금 더 열린 사람이 될 수 있
게 만들었다.

　　얼마 전 나는 한국연구재단의 지원을 받아 프랑스의
지도 교수님과 한-프 국제 공동 연구 사업을 시작했다. 학생
과 제자 관계에서 동료 연구자로 다시 만나 같이 연구할 수
있게 되어 정말 기뻤다. 이게 바로 연구 분야에서만 누릴 수
있는 특권이 아닐까 싶다.

인체독성학까지 더해 심화 연구로

함께 공부한 남편은 나보다 먼저 박사 학위를 마치고 한국으로 돌아갔다. 그로부터 1년 뒤 나 역시 학위를 마친 뒤 바로 한국으로 와서 박사 후 연구 과정을 했다. 하지만 한국에서 바이오마커를 이용한 환경 모니터링과 관련된 생태독성 분야 연구실을 찾기는 어려웠다. 그 당시 생태독성은 국내에는 거의 존재하지 않는 분야였기 때문이다. 그 대신에 생태독성에서 바이오마커로 연구한 주제와 관련 있는 DNA 손상 및 수복(회복) 관련 연구 주제로, 서울대 의대 약리학 연구실에서 박사 후 연구 과정을 시작했다.

바이오마커라는 공통점이 있었지만 의학의 패러다임은 낯설었다. 자연과학은 자연계 현상을 이해하는 것이고, 환경공학은 환경오염을 모니터링하고 처리하고 방지하는 것이라면, 의학은 환자의 질병을 진단하고 치료하는 게 목적이었다. 내가 박사 과정에서 연구한 것은 환경 진단인데, 병원은 환자를 진단하는 곳이라 완전히 다른 패러다임이었다. 그러나 기초 의학 연구로 박사 과정 때 전공했던 생태독성보다 훨씬 깊은 독성 기전(메커니즘)을 연구하게 되면서 많은 것을 배웠다. 이 시절 나는 세포실험과 동물실험 그리고 환자 시료를 대상으로 하는 임상실험에 대한 경험을 쌓았다. 이 시절 연구 경험이 지금 하고 있는 인체 독성 연구의 기반이 되었다. 즉 환경독성학, 생태독성학을 넘어 인체독성학까지 연구 기반을 확장하는 계기가 되었다. 기초의학 연구는 독성 기전 분야에서 나에게 많은 가르침을 주었으나 나는 박사 때 전공한 환경독성 연구를 더하고 싶어졌다.

앞에서도 말했지만, 환경공학은 전통적으로 수질, 대기, 폐기물 관리로 대변되는 매체별 환경오염물질 처리공학을 다루는 학문이다. 그러나 2000년대에 들어와 환경공학의 범위가 환경오염의 사후처리 공학에서 사전 예방적 관리 분야로 확장되면서 환경오염물질의 독성과 위해성의 중요성이 커지게 되었다. 월드컵 축구 경기로 전국이 뜨겁던 2002년, 서울시립대에서 새로운 분야에 대한 채용 공고가 났고, 나는 서울시립대 환경공학부에 환경독성학 및 위해성 평가 전공 교수로 임용되었다. 서울시립대는 국내에서 환경공학과가 처음 생긴 대학으로 지금까지 환경의 각 분야에서 활발히 활동하는 졸업생을 많이 배출한 환경 분야 명문 학교다. 여기서 나는 환경독성학, 환경위해성 평가, 환경보건학, 환경유전체학 등을 강의하는데, 처음에는 많이 서툴렀지만 강의는 언제나 나에게 큰 자극과 보람을 주었다.

신임 교수 시절, 강의도 잘하기가 쉽지 않았지만 초기 연구 환경은 그야말로 눈물이 날 정도로 열악했다. 하지만 논문을 쓰려면 연구실 구축을 미룰 수 없었다. 처음 몇 년은 실험실이 없는 것과 마찬가지였다. 이런 열악한 조건에서 박사 과정 때 전공한 연구에 박사 후 연구 과정 때 했던 연구를 접목한 환경오염물질의 바이오마커 개발 연구를 시작했다. 생태독성학을 연구하기 위한 생태독성 생물종 배양과 인체독성학을 연구하기 위한 세포 배양을 실험실에서 정립하고, 두 연구를 병행하기 시작했다. 내가 시립대에서 연구를 시작한 2000년대 초반은 DNA 마이크로어레이(보통 DNA칩 또는 바이오칩으로 알려진 매우 작은 DNA 조각들이 고체 표면에 집적된 센서)가 나오기 시작한 시기였다. 나는 DNA 마이크로어레이를 이용하여 환경오염물질의 바이오마커를 탐색하는 독성유전체학(Toxicogenomics)으로 연구 분야를 확장해 나갔다. 단순 바이오마커 연구보다 독성유전체 데이터를 활용하여 기전을 규명한 후 새로운 바이오마커를 발굴하는 연구는 환경독성 분야의 깊이를 더해 줬다.

그 안에서 첫 제자들과 만났다. 열악한 환경에서 실험실을 함께 일군 첫 제자들을 항상 고맙게 여긴다. 그 당시는 신임 교수였던 탓에 여러 면에서 많이 미숙해 학생들에게 어떻게 고마움을 표현해야 하는지도 몰랐던 것 같다. 그 시절 첫 제자들과는 지금 만나도 함께 고생한 동지를 만나는 느낌이어서 항상 각별하다. 국내 환경 분야에서 환경독성·위해성 분야는 기존의 환경공학과 다른 새로운 분야여서 우리 연구실에서 석·박사를 하고 자리 잡은 첫 제자들이 고군분투하면서 이 분야를 일궈 나가는 모습이 기특하고 자랑스럽다. 가르치는 일은 그때나 지금이나 보람이 있지만, 최근까지도 만족스럽지 못한 연구 환경이 나를 힘들게 했다. 이는 나뿐만 아니라 한국의 많은 연구자가 겪고 있는 어려움이기도 하다.

서울시립대 환경시스템독성학 연구실(2017)

이공계 연구에서는 연구 공간, 연구 기자재, 연구비 등 하드웨어적 연구 환경이 무척 중요하다. 그러나 이에 못지않게 중요한 부분이 소프트웨어적 연구 환경이다. 어느 조직이나 조직 문화가 그 조직 전체와 조직원 개개인의 성취에 큰 영향을 미치지만, 연구는 개인의 자유로운 발상과 창의적인 아이디어가 무엇보다 중요해서 특히 그렇다. 나는 연구실 구성원 개개인이 생각을 자유롭게 소통하고, 협업으로 구현되는 연구실 문화를 만들기 위해 노력하고 있다. 그러나 우리 사회 어느 조직에나 존재하는 경직된 조직 문화가 연구실에도 존재해서 이것이 말처럼 쉬운 것 같지는 않다.

이공계 실험실에서는 일반적으로 '방장'이라고 부르는 대표 학생이 연구실 구성원과 교수, 학과, 외부와 연락 및 의견 수렴에서 창구 역할을 한다. 많은 연구실에서 연구실 생활을 오래한 박사 과정 학생들이 이 일을 맡아서 하는데, 나는 들어온 지 얼마 안 된 석사 학생들에게 이 역할을 맡긴다. '고참' 박사 과정 학생이 이 일을 맡게 되면, 가뜩이나 경직된 조직 문화에 익숙한 학생들에게 한국의 상명하달식 연구실 문화가 조성될 것 같기 때문이다. 융합 연구는 익숙한 자기 분야만이 아니라 낯선 타 분야에 대한 호기심과 관심을 기울이고 이해해 나가는 과정에서 자기 연구 분야와 접목하려는 노력에서 비롯된다. 환경 연구는 특히 이 부분이 중요하기에 자유로운 소통이 가능한 자발적인 조직 분위기가 우리 실험실에 자리 잡게 하려고 여러모로 노력하고 있다.

큰 영광을 가져다준 나노독성 연구

20세기가 마이크로(micro)의 세기였다면, 21세기는 나노(nano)의 세기가 될 것이라고 말한다. '나노'도 '마이크로'와 마찬가지로 '작다'는 뜻인데, 나노는 마이크로보다 훨씬 더 작다. 1마이크로미터는 1m 길이의 100만분의 1이고, 1나노미터는 10억분의 1m로, 세포나 바이러스보다 더 작다고 보면 된다.

2000년대 들어서 다양한 나노물질이 개발되어 다방면에 활용되면서 나노테크놀로지가 급격히 발달하게 되었다. 그러나 그 안전성에 대한 검증은 미처 하지 못하고 있었다.

나는 2000년대 초반부터 나노독성 연구에 돌입해, 나노물질의 독성을 규명하고 친환경적 나노를 개발하기 위한 과학적 근거를 제공하는 연구를 수행하고 있다.

　나노물질은 일반 화학 물질과 상이한 물리 화학적 특성을 가지므로, 일반 화학 물질의 독성 연구 패러다임과 다른 부분이 많다. 나는 다양한 나노물질의 복잡한 특성과 이에 따른 독성을 포괄적으로 규명하기 위해 나노독성 연구를 하면서 오믹스(OMICS) 연구를 본격적으로 하기 시작했다. 오믹스는 전사체, 단백체, 대사체 수준의 생체 대량 정보를 전체적(holistic)으로 연구하는 분야이다. '체(體, -ome)'라는 접미사가 붙으면 개별 요소를 넘는 총합을 말하는데, 예를 들어 단백체는 단백질의 총합이다. 오믹스는 그렇게 광범위한 생체 정보를 다룬다.

　오믹스는 휴먼 게놈(human genome) 프로젝트가 완성되어 인간 유전체가 해독되면서 급격히 발전했다. 이러한 오믹스는 생명 현상 탐구, 맞춤의학, 신약개발 등의 분야에 급격히 활용되고 있으나 환경 분야에서 활용하기에는 아직까지 많이 제한적이다. 나는 다차원 오믹스와 바이오인포메틱스(bioinformatics, 대량 생체 데이터 중에서 필요한 정보를 뽑아 쓸 수 있는 데이터마이닝 기술)를 활용해 독성 반응 생체 네트워크를 규명하는 연구를 나노물질을 대상으로 수행했다.

　공학 분야에서 오믹스 연구를 하면서, 나는 자연스럽게 시스템생물학이라고 하는 분야에 관심을 두게 되었다. 시스템생물학은 오믹스와 같은 대량 생체 데이터를 서로 중첩해 총괄적 네트워크를 도출하고 생명 현상의 모델링을 시도하는 분야로, 환경공학에서 사용되는 오염물질 거동(擧動) 모델링을 생체 네트워크에 적용하고 싶었다. 시스템생물학과 나노독성 분야를 더욱 깊이 연구하고 싶어서 미국 듀크대학교에서 연구년을 보냈다. 듀크대학교는 시스템생물학 센터(Duke Center for Genomic and Computational Biology)와 나노기술 환경영향 센터(Center for the Environmental Implication of NanoTechnology, CEINT)가 한 캠퍼스 안에 있어서 이 두 분야에 모두 관심이 있는 나에게는 매우 매력적인 학교였다. 듀크대학교에서 연구년을 보내는 동안 그 두 분야를 모두 공부할 수 있었고, 한국에 돌아온 뒤에도 한동안 공동 연구를 이어 갔다. 지금도 이 분야는 내 연구의 중요한 한 부분이고, 그래서 우리 연구실 이름도 '환경시스템독성학(Environmental Systems Toxicology)' 연구실이다.

나노 오믹스 분야 연구는 내게 큰 영광을 가져다주었다. 2016년 1월 세계적인 학술 금융 비즈니스 정보 전문기관 '톰슨 로이터'에서 각 학문 분야에서 인용지수가 가장 높은 과학자를 발표했다. 톰슨 로이터는 자체 보유한 학술 정보 데이터베이스인 '웹 오브 사이언스(Web of Science)'를 활용해 2003년부터 2013년까지 등록된 12만 건 이상의 논문을 평가했고, 각 분야에서 가장 많이 인용된 논문을 기준으로 '세계

THOMSON REUTERS
2015 HIGHLY CITED RESEARCHER
PRESENTED TO

Jinhee Choi

In recognition of ranking among the top 1% of researchers
for most cited documents, in their specific field.

THOMSON REUTERS™

Signed
Vin Caraher, President IP & Science, Thomson Reuters

2015 톰슨 로이터 선정 논문 피인용 상위 1% 과학자

에서 가장 영향력 있는 과학자' 상위 1%를 선정했다. 거기에는 한국인 과학자 19명도 당당히 이름을 올렸는데 나도 포함되었다. 나는 2016년과 2017년에도 선정되어 3년 연속 선정되는 영광을 누렸다.

상을 받으면 누구나 당연히 기쁠 테지만, 나로서는 지금까지 걸어온 길을 인정받으면서 그간의 고생에 대한 보상으로 여겨져 더욱 감격스러웠다. 우리나라의 많은 신진 연구자가 그러하듯이, 서울시립대에 부임한 후 초반에 정착하기 위한 연구 여건은 매우 열악했다. 톰슨 로이터의 논문 평가 시기인 2003년부터 2013년까지 10년은 내가 서울시립대에 부임해 연구 공간, 기자재, 연구비 등 연구 기반이 너무나도

어려운 조건에서 연구를 수행했던 시기였다. 톰슨 로이터의 발표는 이런 어려운 연구 조건에서 초창기 학생들과 함께 흘린 땀에 대한 보상이 되었다. 또 의구심을 떨치지 못하고 수행해 오던 나노-환경-바이오 융합 연구에 대한 자신감도 불어넣어 줬다. '나노 오믹스' 연구는 새로운 분야였고, 남들이 하는 전통적 방법이 아니라 내가 여러 접근 방법을 조합하면서 한 연구였기에 하면서도 이런 연구 접근 방법이 맞나 하는 불안감을 조금은 품고 있었다. 연구라는 것은 나도 다른 사람의 연구 위에 하나의 벽돌을 쌓는 것이고, 다른 사람도 내 연구 위에 하나의 벽돌을 쌓는 것이다. 내 논문이 자주 인용되었다는 건, 남들의 연구에 바탕이 많이 되었다는 뜻이고 내 연구가 의미 없는 일은 아니었다는 것을 말한다. 이 일로 내 연구에 의구심보다 자신감을, 불안보다는 보람을 느끼고 나아가게 되었다.

한 우물 대신 여러 우물을 파다

나는 학사, 석사, 박사, 박사 후 연구원, 지금의 연구 주제가 모두 분야가 다르다. 내가 경험한 단과대학도 자연과학대학, 의과대학, 도시과학대학에 걸쳐 있다. 서울시립대의 환경공학부는 도시과학대학에 속해 있으나 공학인증 프로그램 안에서 학생들을 교육하므로 실질적으로는 공과대학이다.

여기에 내가 석사 과정을 한 환경대학원은 환경정책 및 도시 계획 분야의 프로그램 위주였으므로, 나는 이과의 많은 단과 대학을 두루 경험한 셈이다.

학문하는 자세는 모름지기 우직하게 '한 우물'을 파야 한다는 것으로 우리는 알고 있다. 그런 관점에서 보면 나는 매우 나쁜 사례가 될 것이다. 그러나 내가 지금 연구하는 분야를 살펴보면 지금껏 내가 경험했던 다양한 분야의 어느 한 과정도 도움이 안 된 것이 없었다. 지금 내가 하는 연구에는 내가 경험한 모든 분야가 다 녹아들어 있다.

학부 전공인 생물학은 기전을 중심으로 환경독성을 연구하는 기초가 되었다. 석사 때 환경공학과 함께 공부한 환경정책은 환경을 사회과학적 시각에서 넓게 보는 관점을 길러주었다. 박사 때 전공한 생태독성학은 두말 할 것도 없이 학문적 기반이 되었다. 박사 후 과정 때 연구한 약리학은 생태독성학을 인체독성학으로 확장하는 힘을 길러줬다. 나의 이러한 다양한 경험은 융합적 환경 연구에 큰 도움을 주었다.

내가 하고 있는 연구에는 바이오 테크놀로지(BT)와 환경 테크놀로지(ET)의 융합 기반에서 시작하여, 오믹스 분석과 독성 예측 모델을 개발하기 위한 인포메이션 테크놀로지(IT) 연구가 추가로 융합되고 있다. 융합 연구는 최근 많은 분야의 학문 트렌드로 자리 잡고 있으나, 내가 연구를 시작할 무렵에는 생소한 접근법이었다. 내가 쓴 논문의 높은 피(彼)인용과 여성과학자상 수상은 이러한 융합 연구 분야에 대한 장려라고 생각되어, 앞으로 융합 환경 연구 확장에 더욱 노력하고 싶다.

사회 문제에 즉각적으로 대처하는 보람

2011년 온 국민을 충격에 몰아넣은 가습기 살균제 사고를 나는 환경독성 전문가로서 더 큰 책임감과 고통을 느끼며 지켜보았다. 이 사고를 겪으면서 우리 사회는 화학 물질과 인체 건강과의 직접적 관련성을 목격하였고, 이로써 더 안전한 화학 물질 관리에 대한 요구가 커졌다. 심지어 화학 물질 포비아(공포) 현상까지 생기게 되었다.

이러한 사고뿐만 아니라 최근 유해 화학 물질과 질환 발생 관련성에 대해서는 다양한 증거가 늘어나고 있다. 어렸을 때 미량으로라도 장기간 유해 화학 물질에 노출되면 평생 건강에 영향을 미칠 수 있고, 심지어 후세대 건강에 영향을 미칠 수 있다는 과학적 증거가 나오고 있다. 나는 이러한 현상의 과학적 기전으로 환경후생유전체학(Environmental Epigenomics)이라는 분야를 최근 연구하고 있다.

또 과학 기술의 발달로 새로운 화학 물질들이 빠른 속도로 개발되지만 이들의 독성에 대해서는 제대로 규명되지 못하고 있다. 전 세계적으로 화학 물질 규제 관리가 강화되어, 독성 시험을 해야 하는 화학 물질의 수는 폭발적으로 증가하고 있다. 동시에 생쥐와 같은 포유동물을 이용한 동물실험은 최소화하자는 움직임이 동물보호단체를 중심으로 커지고 있다. 그뿐만 아니라 동물을 상대로 한 화학 물질 시험은 시간도 많이 걸려서 지금의 많은 화학 물질을 평가하는 데 한계가 있다. 따라서 독성평가의 패러다임이 전통적인 포유동물을 이용하는 평가에서 메커니즘 기반 대체시험법으로 전환되는 독성평가법 혁신이 전 세계적으로 이루어지고 있다. 지금까지 융합 연구의 노하우를 최대한 활용해 독성 기전에 기반하여 화학 물질의 독성을 예측하는 연구를 수행하고 있다. 이 연구는 OECD와 같이 수행하는데, 첨단 과학 기술과 환경 정책을 연결하는 브리지 연구라고 볼 수 있다.

다양한 첨단 기술을 이용해 지금 우리 사회에 필요한 문제를 해결한다는 것에 환경 연구의 보람이 있다. 모든 연구가 그 자체로 의의를 갖지만, 환경독성학 분야의 연구 의의와 매력은 바로 사회에 즉각적으로 도움을 줄 수 있는 연구를 한다는 데 있는 것 같다.

1990년대까지만 해도 화학 물질은 환경에 배출되어 문제가 되면 관리하는 '사후 처리 방식'으로 대응해 왔다. 그러나 화학 물질과 인체 질환 발생의 연관성에 대한 과학적 증거가 축적되면서 극미량이라도 지속적으로 노출되는 화학 물질은 사전에 관리해야 한다는 인식이 확대되었다. 특히 새로 개발되는 화학 물질의 경우, 시장 출시 전 개발 단계에서 유해성을 평가해 유해성이 확인된 물질의 시장 진입을 원천적으로 차단하는 쪽으로 정책 방향을 잡았다. 예방적인 화학 물질 관리 정책이 자리 잡게 된 것이다.

여성의 시각에서 과학 기술 분석

나는 우리 학부에서 오랫동안 유일한 여자 교수였고, 공대는 늘 여학생 숫자가 적었던 터라 여학생들에게 뭔가 도움을 주고 싶었다. 그러던 중 2000년대 중반에 이공계 여대생 멘토링 프로그램을 운영하는 기회가 생겼다. 우리 학부 여학생들에게 환경공학 분야의 멘토를 매칭해 주는 프로그램이었는데, 참여했던 여학생들의 반응이 좋아서 몇 해를 이어 갔다.

최근에는 젠더혁신 연구에도 참여하고 있다. 흔히 중립적일 것이라고 생각되는 과학 기술이 의외로 한 성별에만 호의적일 수 있다는 전제 아래 과학 기술을 젠더 관점에서 다시 분석하는 연구다. 비단 한국뿐만 아니라 전 세계가 비교적 최근까지 남성 중심 사회였다 보니 과학 기술 역시 의도했건 의도하지 않았건 남성에게만 도움이 되도록 개발되었을 가능성이 있기 때문이다. 실제로 신약 개발 시 효능 및 독성 시험을 수컷 동물을 대상으로만 실험하고 개발했다가 여성 환자에게 부작용이 생겨서 실패한 사례들도 보고되고 있다. 자동차 역시 남성 탑승자를 기준으로 디자인을 개발하는 경우가 많다고 한다. 젠더혁신 연구는 과학 기술의 혜택을 어느 한 성이 아닌 양성 모두가 누리게 하려는 연구로서 의학, 약학, 공학, 영양학 등 다양한 과학 분야에서 이뤄지는데, 나는 화학 물질의 위해성 평가 과정에서 젠더 분석 연구를 수행하고 있다. 각자 분야에서 능력을 발휘하는 여성 과학 기술인이 많아질수록 과학 기술의 혜택이 모두에게 고르게 돌아갈 수 있고, 이는 여성 과학자로서 또 하나의 보람이 될 수 있을 것 같다.

당연한 얘기지만, 여성 과학 기술인의 처지도 '한국에서 일하는 여성'이라는 범주에서 크게 벗어날 수는 없다. 한국에서 일하면서 출산과 육아를 동시에 한다는 게 얼마나 힘든 일인지, 나도 예외 없이 똑같이 어려움을 겪었다. 가족의 희생과 도움이 없이는 불가능한 구조였다. 부모님은 지금도 내가 연구에 집중할 수 있게 아이들 육아에 도움을 주시며 평생 내 인생의 든든한 버팀목이 되셨다. 이런 부모님의 헌신은 감사하면서 죄송한 부분이다.

출산율 감소가 우리 사회의 큰 문제가 되고 있는 요즘, 육아와 양육의 주책임을 엄마에게 돌리고 가족은 엄마 역할을 '도와주는' 정도로는 이 문제를 해결하기 어려울 것이다. 육아와 양육이 부부 공동 책임이라는 인식 전환과 일과 가정의 양립 문화가 사회 전체적으로 정착될 때 출산율 감소 문제가 근본적으로 개선되지 않을까 한다.

박사 후 과정 때 나는 첫아이를 낳았다. 공부하느라 출산과 육아를 미뤄둔 터여서 아이가 주는 기쁨은 지금까지 경험하지 못한 새로운 세계로 나를 이끌었다. 큰아이를 낳고 아이가 너무 예뻐서 곧바로 둘째를 낳기로 결심하고, 시립대에 부임하고 2년 뒤 둘째를 낳았다. 그 당시 시립대에서 여교수가 출산한 일이 내가 처음이라 출산 관련 규정이 전혀 마련되어 있지 않아, 출산하고 다음 학기에 1년의 책임시수를 몰아서 하면서 너무 힘들었다. 그 후로 출산하는 여교수들이 늘어 지금은 출산을 배려하는 제도가 도입되었다. 아직도 턱없이 부족하긴 하지만 그나마 다행이라고 생각한다.

일과 육아를 병행하기에는 여러 가지 현실적 어려움이 있지만 아이들은 축복이다. 자식을 키우면서 부모도 성숙하는 것 같다. 시간이 늘 부족하지만, 우리 아이들은 엄마가 일하는 것을 인정해 주고 응원해 주고 자부심을 갖는다. '과학자가 꿈'이라고 말하는 아들을 보면서, 내가 가족에게 들여야 할 시간과 노력을 쪼개서 강의와 연구에 투자했던 열정이 우리 가족에게도 헛된 것은 아니었구나 하는 생각이 들어 기쁘다. 요즘 학생들에게 진로 선택의 최고 기준은 직업 안정성인 것 같다. 물론 중요하지만, 나는 자신이 진정으로 좋아하는 일을 끈기 있게 찾아보라고 늘 말한다. 나의 이야기가, 아직은 선명하게 보이지 않지만 자신의 길을 찾아가려는 학생들에게 용기와 희망이 되길 바란다.

환경 오믹스

환경과 관련해서 과거에는 오염의 사후 처리가 주요 관심사였다면, 지금은 사전 예방 정책 쪽으로 방향이 많이 바뀌었다. 일상생활에서 사용하는 다양한 화학 물질은 편리함을 주지만, 한편으로는 건강에 미치는 악영향이 우려스럽다. 또 기존에는 동물실험 위주로 고비용·저효율 평가를 해 왔다면, 이제는 화학 물질이 워낙 많아지면서 테스트 방법의 전환이 절실해졌다. 이처럼 화학 물질 독성 평가의 패러다임이 바뀌면서 새로운 방법론으로 등장한 것이 '환경 오믹스(Environmental OMICS)'이다.

오믹스(OMICS)는 현대 생물학의 새로운 방법론으로 다양한 연구를 실시해 대량으로 생산되는 생물 정보와 이들의 관계를 생물정보학적 기법을 동원해 종합적으로 연구한다. 오믹스에서 다루는 대상은 유전체(Genome - DNA), 전사체(Transcriptome - RNA), 단백체(Proteome-Protein), 대사체(Metabolome - Metabolite) 등으로, 단어 끝에 '-ome'이라는 접미어가 붙는다. 이는 개별 요소를 넘는 총합을 뜻한다.

유전체학(Genomics) 한 개의 세포 또는 개체가 가지고 있는 유전자의 총량인 게놈(genome)과 그 유전자의 이용 양태를 연구

하는 학문

전사체학(Transcriptomics) 세포 또는 개체에서 발현되는 유
전자 전체(전사체)의 기능과 상호 작용을 연구하는 학문

단백체학(Proteomics) 세포 또는 개체에서 특정 시간 안에 발
현되는 단백질의 총합을 단백체(proteome)라 하며, 그 특성과 기
능을 연구하는 학문

대사체학(Metabolomics) 생체 내 특정 대사작용으로 생성되
는 대사물질을 총체적으로 연구하는 학문

오믹스 연구의 일차 목표는 생명체 내의 다양한 '-ome' 사
이의 상관관계를 찾고 생물학 정보를 통합해 생명 현상을 이해하
는 것이다. 오믹스 정보를 이용한 생명 현상의 포괄적 이해는 생
명과학뿐 아니라 맞춤의학, 정밀의학, 신약개발 등 의약학 분야에
활발히 응용되고 있다. 환경 오믹스는 이러한 오믹스 정보를 환경
연구에 활용하는 분야이다.

생명과학, 의약학 분야에 비해서 오믹스의 환경 분야 응용
은 아직까지는 미미한 수준이다. 그러나 다양한 화학 물질 노출
이 인체 건강에 미치는 영향과 생태계 영향의 복잡다단함에 비추
어 볼 때, 그 잠재력은 매우 크다고 할 수 있다. 오믹스의 환경 분
야 응용 잠재력은 다양한 화학 물질의 독성 기전 탐색, 화학 물질
과 건강의 인과관계 규명, 생태독성 모니터링을 위한 지표 개발

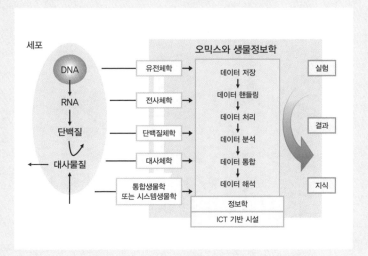

세포　　　　　　　　　　　오믹스와 생물정보학

DNA → 유전체학 → 데이터 저장 → 데이터 핸들링 → 데이터 처리 → 데이터 분석 → 데이터 통합 → 데이터 해석

RNA → 전사체학

단백질 → 단백질체학

대사물질 → 대사체학

통합생물학 또는 시스템생물학

정보학
ICT 기반 시설

실험 / 결과 / 지식

오믹스

등 매우 다양하다. 또한 오믹스를 활용해 규명된 화학 물질의 분자 독성 메커니즘은 화학 물질의 독성 예측 모델 개발에 활용할 수 있다.

환경공학을
전공하면…

우리나라에 환경공학이 도입된 시기는 1960년대 후반이지만, 독자적인 기반을 갖기 시작한 것은 1970년대 후반부터이다. 1960년대 후반에는 우리나라에서 아직 환경오염이 심화되지 않아서 환경보전에 관한 인식도 희박했다. 하지만 1970년대 후반 들어 경제가 급성장하면서 환경의 질이 악화되었고 환경공학의 필요성을 절감하게 되었다.

1974년 서울시립대학교에는 위생공학과(衛生工學科)가 신설되면서 오늘날의 환경공학 내용을 그 교과과정으로 채택했다. 그 후 1980년에 역시 서울시립대학교에서 처음으로 환경공학과라는 명칭을 사용한 뒤 여러 대학교에 환경공학과가 설립되었고 환경부의 전신인 환경청이 1980년에 발족되었다.

환경공학의 취업 전망은 밝다. 환경 문제는 지구 차원의 문제가 된 지 이미 오래되었다. 그에 따라서 환경공학의 중요성이 더욱 커지면서 그 영역이 수질, 대기, 폐기물 등 처리공학 위주의 '매체 관리'에서, 환경오염의 영향을 인체와 생태계에서 직접 분석하는 '수용체 관리'라는 사전 예방 위주로 넓어지고 있다. 이처럼 환경공학의 분야가 확장됨에 따라, 공학과 이학 전공 지식이 탄탄하면서 업무 처리 능력을 보유한 환경 전문 인력의 수요는 계속 증가할 것이다.

환경공학을 전공하게 되면 이후 진로는 환경부를 비롯해 정부기관, 국공립 연구기관, 환경기술 기업, 환경전문 설계회사, 대학의 연구소 등 다양하다. 환경공학 전공으로 학사를 받으면 건설 및 플랜트 분야 엔지니어링 회사, 건설회사, 오염방지 시설 운영 및 분석 전문 기업의 환경처리 시설 관련 업무 등을 수행할 수 있다.

환경공학 석·박사 학위를 받으면 국내외 연구소에 들어가 연구에 집중하거나, 교수로 채용되어 교육과 연구 업무를 수행할 수 있다. 환경 분야 국공립 (연구) 기관으로는 한국환경정책평가연구원, 국립환경과학원, 환경공단, 수자원공사, 환경산업기술원 등이 있다.

사람을 치료하는 기계를
발명하는 일

의공학자
이레나

의사는 아니지만 공학자로 병원에서 일하면서, 방사선을 이용해 암을 치료하는 기기 등 진단과 치료에 사용되는 의료기기를 개발·연구해 환자들의 치료 성적을 개선해 왔다. 강원대에서 물리학 학사를 하고 미국 MIT 원자력 공학과에서 석·박사 학위를 받았으며, 미국의 경영컨설팅 회사에서 3개월간 경영컨설턴트로 근무한 독특한 이력도 있다. 하버드대학교 의대 영상의학과 전임 강사를 지낸 뒤 현재는 이화여대 의과대학 의공학교실과 목동병원 방사선종양학과 정교수로 활동하고 있다. 연구 결과를 제품으로 이어 나갈 방법을 찾다가 벤처 창업을 하고, 의료기기를 생산하기 위해 공장도 운영 중이다. 두 차례의 대통령 표창 외에 여성창업경진대회 등에서 수상했다.

치과 방사선 촬영실에 의료진과 영상장비
개발자들이 모여들었다.
내가 만든 치과 엑스레이 촬영기기를 이용해 환자의
CT 영상을 획득하는 것을 지켜보기 위해서였다.
나의 주전공인 방사선을 활용한 의료기기였다.
조용한 긴장감이 감도는 가운데 기계가 움직이는
소리를 냈다. 이런 장면을 수백 번 상상해 왔지만
손에는 땀이 흥건히 찼다. 공학자로서 기초와 응용
연구를 많이 해 왔지만 직접 개발한 장비를 환자에게
적용하기는 처음이었다. 그간 공들여 해 온 연구와
시행착오가 해피엔딩으로 끝날 수 있을지….
개발자로 연구를 해 오면서 어려움도 겪었고
자부심도 느꼈지만, 이번에는 좀 다른 도전이었다.

첫 의료기기 개발의 순간

촬영은 꽤 오랜 시간이 걸리는 것처럼 느껴졌다. 단
20초 동안의 일이었는데 말이다. 환자에게 적용하기 전에 수
많은 테스트를 거쳤는데도 촬영 내내 긴장이 가시지 않았다.
다행스럽게도 환자는 끝까지 편안한 표정이 흐트러지지 않았

고, 장비도 아무런 문제없이 잘 작동되었다. 이 기계의 이름은 CBCT(cone beam computed tomography). 이 장비를 개발할 당시에는 치과에서 사용되는 대다수의 CBCT가 수입 제품으로 대당 2억 원 정도에 판매되고 있었다.

당시 나는 이화여대 목동병원 방사선종양학과에서 암환자 치료에 사용되는 방사선 장비를 관리하는 의학물리사로 근무했다. 병원에서는 유일한 공학도였기 때문에 병원의 많은 의사와 공동 연구를 할 수 있었다. 의사들이 치료 장비들의 장단점을 파악해 새로운 아이디어를 얻으면, 공학도인 나에게 기술적으로 구현 가능한지 문의하면서 연구가 진행되었다. CBCT도 이대 목동병원의 치과 교수님과 식사를 함께하는 자리에서, 앞으로 고령화 시대가 되면 국내외적으로 임플란트 환자가 많아질 것이며, 그럴 경우 임플란트를 위해 꼭 필요한 치과용 CBCT 장비 시장이 열릴 테니 한번 만들어 보는 게 어떻겠냐는 제안을 받아 프로젝트가 시작되었다. 마침 치과 장비를 수입해 판매하는 기업체 대표가 관심을 보였고, 벤처 회사가 설립되면서 본격적인 개발로 이어졌다.

"이레나 교수님, 축하드립니다. 성공적이에요. 촬영 시간이 단축되어 환자가 훨씬 편안해 하네요. 비용도 낮아지고 영상도 좋고 이 기계는 정말 성공적이에요."

손수 개발한 장비를 내가 근무하는 병원에 저렴하게 납품했다는 데 자부심을 느꼈다. 그리고 내가 만든 기계가 환자에게 사용되는 순간, '의공학자로서 내가 할 일은 다했다'는 생각이 들 정도였다. 적어도 나에게는 내 손으로 만든 기계가 탄생하는 순간이 생명 탄생 못잖게 감격스러웠다. 첫 장비는 이대 목동병원에 설치하고, 그 후 다른 대학병원에도 지속적으로 판매했다. 내가 만드는 기계는 기본적으로 내가 연구해

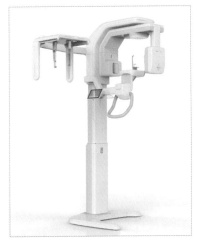

방사선 치과 기기

온 방사선을 활용한다. 마리 퀴리가 발견한 엑스레이가 의료에서 가장 많이 사용되는 방사선이라고 이해하면 크게 틀리지 않다. 석사 때부터 방사선 이론 과목을 수강하면서 시작된 나와 방사선과의 인연이 벌써 25년이나 되었다. 공부에서 개발 과정까지 방사선은 늘 나와 함께해 왔다.

나는 병원에서 일하기 때문에 의사가 아니냐는 오해를 자주 받는다. 누군가 나에게 자기 소개를 해 보라고 한다면 이렇게 말할 것이다. "의사는 아니지만 방사선 의료기기를 이용해 환자들이 좋은 치료를 받게 하기 위해 수많은 밤을 새워 가면서 환자 치료에 전념하는 한편, 더 좋은 의료기기를 개발해 환자의 삶의 질을 높이려고 노력하는 '공순이 이레나'입니다. 그리고 가족과 보낸 시간보다 방사선과 함께한 시간이 훨씬 더 많은 '방사선 맘 이레나'입니다."

산으로 들로 쏘다니던 어린 시절

나는 강원도 평창의 산골에서 설날 새벽에 태어났
다. '이레나'라는 특별한 이름 때문에 어려서는 친구들에게
"이래나 저래나"라고 놀림을 받았고 커서는 "부모님이 국제
화를 생각하셔서 신경 써서 지은 것 같다"라는 말을 많이 듣
곤 했다. 하지만 실은 내가 예정일보다 너무 빨리 태어나는
바람에 부모님은 이름을 무엇으로 지어야 할지 전혀 생각지
못하셨다. 그렇게 허둥대다 수녀님이 지어 주신 세례명을 그
대로 가져다 쓴 것이 지금과 같은 좀 독특한 이름이 되었다.
외국인 같은 이름과 약해 보이는 외모, 미국에서 공부한 경력
때문에 나를 처음 보는 사람은 '아메리칸 스타일' 또는 도도해
보인다고 말한다. 그럴 때마다 나를 아는 사람들은 "전혀 반
대인데요" 하는데, 나는 속으로 조용히 웃을 뿐이다.

우리 가족은 내가 일곱 살 때 산골에서 벗어나 이사를
했다. 초등학교 선생님이던 아버지가 춘천으로 발령 나면서
춘천시로 옮겨 갔다. 시라고는 해도 춘천 시내에서 한참 떨어
진 소양강댐 근처의 시골 마을이었다. 그래도 전에 살던 산골
에 비하면 확실히 많이 발전한 도시여서, 학교에 입학해 강원
도 사투리로 "선상님이요"라고 선생님을 불렀다가 아이들에
게 두고두고 놀림을 받기도 했다. 하지만 4학년까지는 무용
도 하고 노래도 하고 공부도 잘하는 시골 공주님 같은 생활을

하면서 세상에 어려운 일 없이
지냈다.

이 시절에 나는 좋게 말하
면 의협심이 강하고 나쁘게 말하
면 버릇이 없는 아이였다. 누가
내 동생이나 친구를 괴롭히면 악
착같이 나서서 싸웠다. 심지어
담임 선생님이 친구들에게 부당
한 대우를 하는 걸 보면 못 견디
고 나서서 선생님에게 대들다가,
한번은 선생님이 나를 밀치는 바
람에 넘어지면서 턱을 다쳐 아직

어린 시절, 무용을 즐겨 했다.

도 턱에 상처가 있다. 4학년 때는 우리 반 선생님이 그만두시
는 바람에 학생들이 절반으로 나뉘어 다른 반으로 가게 되었
는데, 나는 우리 반 아이들과 빈 교실에서 버티면서 다른 반
으로 가지 않겠다고 고집을 부리기도 했다. 지금 생각해도 참
버릇이 없었던 것 같은데, 그때 시골 학교에서는 나름 리더였
던 것 같다.

초등학교 5학년 때는 교육열이 높은 아버지가 나를 춘
천에서 가장 좋다는 초등학교로 전학시켰다. 그것으로 마냥
밝기만 하던 나의 유년시절은 끝이 났다. 전학을 간 학교는
입학하기도 어렵고 한 학년에 60명씩 두 학급밖에 없는 소수
정예 학교였다. 그 학교 학생들은 입학 때부터 졸업 때까지

함께 다녔으며, 전학을 오거나 가는 일이 거의 없었다. 그렇게 5년을 함께 지낸 아이들 틈에 갑자기 시골 출신인 내가 끼어들게 되었으니, 갈등이 생기는 것은 당연했다. 내 딴에는 시골 학교에서 나름 회장을 맡아 하던 리더였지만, 도시 부잣집 아이들 눈에는 갑자기 굴러들어온 '시골 촌닭'에 불과했다. 전학하자마자 따돌림을 당하기 시작했다. 일주일 동안은 학교에 간다고 집을 나와선 교실에 들어가지 않고 학교 뒤 덩굴 속에 숨어 있다가 하교하기도 했다. 졸업할 즈음에야 겨우 적응하면서 친한 친구도 생겼지만, 쉽지 않은 시간을 보낸 탓에 공부에 대한 관심을 잃어버렸다.

관심사는 패션, 꿈은 현모양처

중학교에 입학한 나는 이른바 '노는' 아이들과 친하게 지내면서 놀러 다니기 바빴다. 그 아이들은 산으로 소풍을 가면 맥주를 몰래 가지고 와서 마시기도 하는 '간 큰' 아이들이었다. 내가 이런 친구들과 어울린다는 사실을 알게 된 아버지는 그 아이들과 어울리지 말라고 충고하셨다. 하지만 그때 나는 억울한 기분만 들었다. 가정 형편이 어려워 공부에 집중을 못 하고 마음 둘 곳이 없어서 이리저리 방황하는 아이들이었는데, 어른들은 그런 아이들을 이해하지 못하는 것 같았다.

나는 그 아이들도 다 착하다고 주장했지만, 아버지는

이렇게 답하셨다.

"사과 박스에 썩은 사과가 있으면 그 주변의 좋은 사과도 시간이 지나면 망가지게 된다. 너는 지금은 괜찮지만, 그 친구들과 계속 같이 다니면 그 친구들이 하는 행동을 따라 하게 될 거야."

아버지 말씀을 들으니 어느 정도 이해가 되었기에 그 후로는 학교에서만 같이 어울리고, 학교가 끝나면 가급적 집으로 바로 갔다.

고등학교에 들어가서도 나는 공부에는 여전히 흥미가 없었다. 대학에 꼭 진학해야 한다는 생각도 없었다. 나의 관심사는 오로지 패션이라든지 친구들과 어울려 놀기였다. 신발과 머리핀, 옷에 관심이 많아서 엄마를 졸라 당시 유행하던 것을 거의 대부분 가졌다. 나이키, 아디다스, 프로스펙스 등 브랜드 운동화가 한창 유행했는데, 신발을 사면 신발 모양이 달린 열쇠고리를 사은품으로 받았다. 나는 지금도 수십 개나 되는 열쇠고리를 가지고 있다. 또 친구들을 모아 강릉이나 주문진으로 가서 며칠씩 놀다 오기도 했다.

나의 장래 희망에는 두 가지 버전이 있었다. 친구들이 물으면 '현모양처', 어른들이 물으면 '대학 교수'라고 답했다. 아버지는 큰딸인 나에게 어려서부터 무용과 노래를 가르쳤는데, 그 덕분에 상도 많이 받았고 당시 유명했던 '리틀엔젤스' 오디션에서도 뽑혔다. 아버지가 반대하시는 바람에 리틀엔젤

스에 입단하진 못했지만, 고등학교 1학년 때까지 계속 무용을 배웠다. 무용을 계속하면 무용과 교수가 될 수 있지 않을까 하고 막연하게 생각했는데, 고등학교 2학년이 되면서 집에서 '여자가 무용을 하면 팔자가 사나워진다'면서 그만두게 해 내 꿈은 현모양처 하나만 남게 되었다. 지금 생각하면 내가 현모양처라는 꿈을 가졌다는 게 황당하다. 왜냐하면, 내가 하고 싶은 대로 자유롭게 살게 한 어머니 덕분에 설거지는커녕 사소한 집안일도 해 본 적이 없고, 줄줄이 딸린 동생들도 돌봐 준 적이 없는 그야말로 '공주' 같은 삶을 살았기 때문이다. 현모양처가 되기엔 기본적 소양이나 타고난 자질도 부족했지만, 나의 현모양처 꿈은 그 뒤에도 계속되었다.

뜻밖의 대학 입학 선물, 첫 장학금

1986년 나는 국립 강원대학교 물리학과에 입학했다. 고등학교 때 공부를 전혀 하지 않았고, 딱히 좋아하는 과목도 없었지만, 그나마 수학은 성적이 잘 나왔다. 나에게 수학

내 꿈? 친구들이 물으면 '현모양처', 어른들이 물으면 '대학 교수'

은 수업 시간에만 이해하면 따로 공부할 필요가 없는 비교적 편한 과목이었다. 반면에 암기할 게 많은 역사나 숨은 맥락을 파악해야 하는 국어에는 젬병이어서 고등학교 2학년 때 자연스럽게 이과를 선택했다. 대학 입학을 앞두고 수학과, 화학과, 물리학과 중에서 저울질을 하던 중 내 성적으로 무난하게 입학할 수 있는 물리학과를 선택했다.

그런데 입학할 때 생각지도 못한 성적 장학금을 받게 되었다. 늘 공부를 못 한다고 생각했는데 성적으로 장학금을 받으니 기분이 좋았다. 다음 학기에도 꼭 장학금을 받고 싶다는 생각에 공부를 열심히 하게 되었다. 고등학교 때 공부를 많이 했던 학생들이 대학에서 미팅을 할 때, 고등학교 때 원 없이 놀았던 나는 미팅도 마다하고 공부에 매진했다. 그야말로 난생처음 공부를 하게 된 것이다. 대학에 다니면서 정말 공부를 열심히 한 것 같다. 딱히 물리학의 어떤 부분이 나에게 맞았는지는 잘 모르겠지만 그냥 꾸준히 했다. 매일 저녁 9시에 잠을 잤고 새벽 3시에 일어나 복습과 예습을 했다. 열심히 했더니 성적은 잘 나왔다. 그때는 물리가 재미있어서 공부를 했다기보다는 공부를 열심히 했더니 성적이 잘 나오니까 계속 공부했던 것 같다.

그 덕분에 4년 내내 장학금을 받았다. 그것으로 깨달은 점은 성적은 반드시 투자한 만큼 정직하게 돌려준다는 교훈이었다. 하지만 우습게도 나에겐 장학금 이상의 공부 목표가 없었다. 여전히 대학을 졸업하면 누군가의 아내가 되어 아이들 잘 키우고 살림 잘하는 아내가 되는 꿈을 품고 있었다. 그때는 여학생들이 자기만의 특별한 꿈을 꾸는 일이 별스럽게 여겨지던 시절이었으므로, 당시 분위기를 생각해 보면 내 생각은 지극히 평범했던 것 같다.

그런 가운데 유학 기회도 크게 와닿지 않았다. 대학교 2학년 때, 부모님은 미국으로 이민을 가시면서 더 넓은 세상으로 진출해 더 좋은 환경에서 공부하길 권유했다. 하지만 나에겐 딱히 성공 욕심이 없었기 때문에 부모님만 떠나보내고 강원대에서 학업을 마무리했다. 부모님은 미국으로 공부하러 들어오기를 원했지만, 나는 한국에 남아 있고 싶었기 때문에 졸업을 하고 경제적으로 독립하기로 마음먹었다.

국내 대학원 진학에도 잠시 마음을 뒀지만, 당시 여대생들에게 가장 인기가 있었던 대한항공 승무원을 지원했다. 나는 어렸을 때부터 부모님이 원어민과 영어 공부를 하게 해주셔서 1차 서류는 무사히 통과했다. 2차는 1차보다 더욱 자신 있는 면접이었다. 나는 워낙 좋아하던 꾸미기에 열을 올렸다. 화장법도 배우고, 걸음걸이도 연습했으며, 잘 웃을 줄 모르고 까칠했지만 미소 연습도 했다. 그렇게 당연히 면접에서는 합격할 거라고 믿었는데… 그만 떨어지고 말았다. 벼락이라도 맞은 것 같았다. 면접관들을 이해할 수 없었다. 하지만 지금 생각해 보면, 면접관들이 내가 '자유로운 공주'로 살아온 걸 눈치챈 게 아닌가 싶다. 하늘 위에서 몇 시간씩 승객들을 챙기고 서비스하는 자질을 갖추지 못했음을 단박에 간파

했던 것 같다.

 승무원 시험에서 미끄러진 뒤 어쩔 수 없이 대학원 진학을 준비했다. 그때 미국에 계신 어머니에게서 생각지도 못한 제안을 받았다.

 "레나야, 미국 명문 매사추세츠공과대학(MIT) 알지? 한국 교수님이 생명공학과에 계시는데 네가 원하면 테크니션 (연구 조교)으로 받아주시겠대. 이번에는 망설이지 말고 무조건 해 보자."

 나는 낯선 미국 생활은 생각해 본 적도 없고 하고 싶지도 않았다. 한국의 춘천에서 우물 안 개구리처럼 행복하게 생활하고 있는데 굳이 미국에 갈 이유가 없었다. 전혀 내키지 않았다. 그러나 대학 지도 교수님까지도 아주 좋은 기회이니 무조건 가라고 격려해 주셔서 결국 미국행 비행기를 타기로 했다.

 막상 비행기가 이륙하고 길이 결정되었다고 생각하니 신기하게도 비행기 창문 밖으로 보이는 흰 뭉게구름마저 희망적인 징조로 보였다. 이전의 심란했던 마음은 싹 사라졌다.

 "그래, 미국이라는 나라에 가서 그 나라 세금으로 열심히 공부하고 실력을 키워 보자. 그리고 나서 반드시 한국으로 돌아와 우리나라를 위해 일하자."

 상당히 유치한 다짐이었지만, 때때로 그 마음을 되돌아보면서 힘겨운 미국 생활을 이겨낸 것 같다.

공학도로 바뀌는 고통스러운 과정

보스턴에 도착해서 한국 여성으로는 처음으로 MIT 교수가 되신 라초균 교수님 댁에 머물게 되었다. 라초균 교수님은 1933년에 태어나 여성이 공학이나 과학을 공부하기가 몹시 어려운 시대에 서울대학교 공과대학에 입학했다. 그러나 결국 한국에서 졸업하지 못한 채 미국으로 건너갔고 MIT 공대에서 학사, 석사, 박사를 했다. 지금까지도 MIT에서 교수로 있으면서 바이오 관련 회사를 창업해 유수한 기업으로 키우는 등 정말 대단한 분이시다.

라초균 교수님은 역시 MIT 교수인 외국인 남편과 함께 보스턴에서 가장 비싼 동네에서 엘리베이터가 딸린 5층짜리 집에 살고 계셨고, 가족과 떨어져 마땅히 살 곳이 없는 나도 함께 지내도록 배려해 주셨다. 그때는 라 교수님이 얼마나 대단한 분인지 알지도 못했지만 궁전같이 화려한 집에서 미국 생활을 멋지게 시작하는 것 같아 기분이 한껏 들떴다. 그런 나의 환상이 깨지는 데는 며칠 걸리지 않았다. 여태껏 내 몸과 마음이 이끄는 대로 편히 살던 '공주' 시절이 막을 내리고 '무수리'의 삶이 펼쳐진 것이다.

낮에는 연구실에서 비커 같은 실험 도구를 닦고, 밤에는 교수님과 함께 집안일을 했다. 교수님은 내 영어 실력을 향상시키기 위해 한국말을 단 한마디도 못 하게 해서 마음까지 답답했다. 한국에서 손에 물 한 방울 안 묻히고 살았던 나에게 그 큰 집의 집안일은 엄청난 고역이었다. 거기엔 청소를 해 주는 사람도 밥을 해 주는 사람도 없었다. 교수님과 내가 식사 준비를 모두 했다. 지금도 나에게 충격으로 남은 기억은 욕실 청소이다. 내가 사용한 욕조를 한 번도 닦아 보지 않았던 내가 남이 사용했던 욕조를 청소한다는 것은 상상조차 어려웠던 일이다. 지금 생각하면 나와 교수님이 식사했던 그릇, 나와 교수님이 사용했던 욕조는 내가 닦는 게 당연해 보이는데, 그때는 정말 견디기 어려운 시련으로 생각되었다.

매일 밤 울면서 보스턴 거리를 방황했다. 45kg도 안 되던 몸무게가 스트레스로 많이 먹었더니 60kg을 넘어섰다. 더는 참기 어려워 공부고 뭐고 다 그만두고 한국으로 돌아가고 싶었는데, 한국에 계신 지도 교수님의 말씀이 나를 인내하게 만들었다.

"MIT 교수 추천서 받기가 그리 쉬울 줄 알았니? 무조건 참고 있어."

맞는 말이었고 할 말이 없었다. 딱히 다른 할 일이 있는 것도 아니었고, 실패자가 되어 한국으로 돌아가는 것도 견디기 어려웠다. 다행히 6개월쯤 지나자 어머니가 아파트를 얻어 주셔서 독립할 수 있었다. 그때부터는 마음이 안정되어 연구실과 집만 오가면서 독하게 공부에 전념했고, 미국 생활에도 서서히 적응해 갔다. 주말엔 한국 식품관에 나가 계산대 직원으로 일하기도 했다. 돈을 버는 목적보다 한국 사람들과 편하게 대화도 하고 시간을 보내고 싶어서였다. 지금은 많은

미국 생활 초기에는 스트레스로 몸무게가 갑자기 15kg이 불어났다.

대학생들이 편의점에서 아르바이트를 하고 있지만, 당시 한국에는 대학 졸업자가 상점에서 일하는 것은 눈씻고 찾아봐도 없었다. 한국에서 계속 살았다면 그런 아르바이트를 하는 것은 상상도 못할 일이었지만, 미국에선 '무수리'로 변해 갔기 때문에 가능했다.

나는 그렇게 1년간 연구 조교로 일하며 MIT 대학원 입학 준비를 했다. 내 원래 전공은 물리학이다. 그런데 미국에서는 대학을 졸업하고 의대를 갈 수 있는, MIT와 하버드대학이 공동으로 운영하는 'MIT-Harvard MD PhD 프로그램'이 있다는 걸 알게 되면서 의사가 되는 꿈을 품었다. 어려서부터 오지랖이 넓은 나에게 의사라는 직업이 잘 어울릴 것 같았다. MIT-하버드 프로그램은 MIT에서 공학을 공부해 공학 박사 학위를 받는 동시에 하버드에서는 의학 공부를 해 의사 자격증을 받는 과정으로, 나는 이 프로그램을 할 수 있는 MIT 대학원 원자력공학과에 지원해 합격했다. 이후 내 전공이 된 방사선과 처음 만나는 순간이었다.

물론 이 모든 것은 라초균 교수님이 영어 훈련을 혹독하게 시키고 모든 세미나에 참석하게 해 준 덕분이었다. 라초균 교수님은 현모양처의 꿈을 안고 공주처럼 살던 나를 여성 과학도로 다시 태어나게 만드신 분이다. 라 교수님이 없었다면 지금의 이레나도 없었을 것이다.

MIT의 원자력공학과에서는 원자력 발전 분야를 주로 다뤘는데, 내가 석사를 시작할 무렵 방사선과학 분야가 신설돼 나는 방사선과학 분야에서 공부와 연구를 했다. MIT에는 연구용 원자로가 있었는데, 원자로 담당 교수가 혹시 원자로 조종감독자(SRO) 면허를 받아보지 않겠느냐고 제안해 1년간 원자로 조종 실전 훈련을 받기도 했다.

또 하버드 의대 수업을 들으면서 하버드 의대 부속병원인 브리엄 여성 병원(Brigham and Women's Hospital)에서 연구를 수행했다. 하버드 병원에서는 초음파로 암을 치료하는 장비를 개발해, 환자에게 사용하기 전에 먼저 동물의 장기에 실험을 하고, 그다음에 살아 있는 동물을 대상으로 실험했다. 나 역시 미국에서 직접 소를 잡는 도살장에 찾아가서 도축한 직후의 소간을 구매하고, 실험을 하기 위한 조건으로 세척한 후 연구실로 가져와서 실험하기도 했다. 여러 번 실험하고 난

후 장비가 제대로 작동하는지 확인하면 다음 단계인 동물에 적용하게 되는데, 미국에서는 동물실험을 하려면 엄청난 비용이 든다. 나는 박사 학위를 위한 개 실험이 한 번 허용되어서 미리 많이 준비한 후 '살아 있는 개'를 대상으로 실험해 장비의 우수성을 입증하고 논문을 발표했다.

대학원 생활을 하면서 나는 또 한 번 나를 변화시켜 준 분을 만나게 된다. MIT의 오토 할링(Otto Harling) 교수님으로 방사선 검출(Radiation detection)이라는 과목을 가르치는 분이다. MIT에 입학해 보니 모든 학생이 공부를 열심히 하는 것은 기본이고 머리까지 좋았다. 자연스럽게 나는 자신감이 떨어졌고, 세미나에서 교수님이 질문을 던지면 답을 알아도 대답을 잘하지 못했다. 나와 달리 미국 학생들은 틀려도 자신 있게 발표했다. 오토 할링 교수님은 나를 따로 불러서 이렇게 말씀하셨다.

"레나, 동양에서는 겸손이 미덕이지만 미국 사회는 달라. 아는 것은 확실히 안다고 대답하고, 모르는 것은 모른다고 해야 배울 기회가 생기지. 그러니 앞으로 아는 것은 자신 있게 발표하렴. 그리고 너는 아직 학생이니까 모르는 것을 부끄러워하지 말고 질문해야 이번에 배워서 다음에는 자신 있게 말할 수 있단다."

나는 아는 것은 잘난 척하기 싫어서 자신 있게 발표하지 못하고, 모르는 것은 창피해서 발표하지 못했는데, 교수님의 충고를 마음속 깊이 새긴 뒤부터는 무엇이든 자신 있게 발

MIT 석사 시절

표하기 위해 꾸준히 노력했다. 수줍어하던 한국 여학생이 적극적인 공학도로 바뀌기 시작한 것이다. 이 일을 계기로 나는 학업뿐 아니라 모든 면에서 적극적인 사람으로 변해 갔다. 무슨 일이든 적극적으로 최선을 다했더니 잘한다는 칭찬도 많이 받게 되었다. 지금은 세미나나 포럼에 참석하면 항상 손을 들고 질문하고 여러 가지 의견을 적극적으로 제시하는데, 좀 심하게 발표하는 것 같아 오히려 발표를 자제하려고 노력할 정도이다.

돌이켜보면, 미국에서도 나의 오지랖이 펼쳐진 때가 있었다. 석사를 하는 동안에는 영어도 익히고 수업도 잘 따라가려고 한국 사람들을 만나지 않고 공부만 하다가, 어느 정도 미국 학교생활에 적응하고 나서 대외 활동을 시작했다. 보스턴 가톨릭청년회 부회장, MIT 대학원 한인학생회 부회장에 이어 여성으로는 처음으로 회장까지 맡아 보스턴 지역 한국 학생들의 네트워크를 형성하려고 노력했다.

공학 박사 학위를 따고 컨설팅 회사로

1992년 9월 시작된 석사 과정은 5년의 대학원 생활을 마치고 1997년 12월 박사 학위 논문 심사를 통과하면서 마무리되었다. 석·박사 과정을 밟는 5년 내내 나는 장학금을 받았다. 대학원에 진학할 당시에는 의사가 되고 싶은 마음에 해당 프로그램을 시작했지만, 병원에서 연구하면서 의사들의 생활을 본 뒤 나에게 맞지 않는다는 걸 알게 되면서 의사 자격증을 받는 일은 포기했다. 평소 남의 일에 적극적인 면 때문에 환자의 아픔을 듣고 고쳐 주는 게 적성에 맞을 줄 알았는데, 막상 하루 종일 아픈 사람들의 이야기를 들어준다는 게 쉽지 않다는 걸 깨달았다. 지금도 주변 사람들이 아프다는 이야기를 들으면 일단 내 마음부터 너무 아파서 들어주기가 쉽지 않다.

졸업 후 처음으로 취업의 문을 두드린 곳은 컨설팅 회사였다. 그 당시 미국에서는 컨설팅 붐이 한창 불었는데 컨설팅 회사에서 공학 전공자를 다시 보기 시작했다. 공학 박사이기 때문에 경영컨설팅은 할 수 없을 거라는 선입견이 없어지고 오히려 유명 컨설팅 회사들이 높은 연봉을 제시하며 공학도들을 채용하기 시작했다. 당시 컨설팅 회사 연봉이 지금 정교수의 연봉보다 두 배가 높았다. 공학도인 내가 경영학 분야에 지원한다는 것이 익숙하지 않았지만 연봉도 탐났고, 새로운 분야에 도전해 보고 싶어 기꺼이 지원해서 합격했다.

지원 당시 박사 학위가 있는 사람은 인턴 과정 없이 바로 컨설턴트로 채용되었지만, 나는 적성에 맞을지 자신이 없어 3개월 정도 인턴을 할 수 있게 해달라고 끈질기게 요청해 받아들여졌다. 모든 사람이 안 된다고 선례가 없다고 하더라도, 포기하지 않고 타당한 이유를 제시하고 설득하면 일이 성사된다는 교훈을 얻었다.

그렇게 해서 1997년 10월부터 미국 최대 컨설팅 회사인 맥킨지에서 일하게 되었다. 상상도 못할 정도의 초특급 대우를 받았는데, 비록 인턴이었지만 매달 지급되는 월급이 조교수 월급의 여덟 배였다. 게다가 이동할 때는 항상 모범택시와 비즈니스 클래스 비행기가 제공되었다. 오로지 일에만 집중할 수 있는 최상의 환경을 조성해 주었다.

나의 첫 임무는 한국으로 건너가 한 대기업의 ERP 시스템(기업 전체의 자원관리 시스템) 도입 타당성을 검토하는 것이었다. 데이터를 모으고 분석해 최적의 솔루션을 제시해야 했는데, 아쉽게도 내가 최선을 다해 제시한 솔루션이 받아들여지지 않았다. 내 솔루션이 받아들여지지 않는 것을 도저히 이해할 수 없어서 여러 차례 건의했지만, 결국엔 다른 제안이 채택되었다. 그 때문인지 3개월 인턴이 끝나고 정식 직원으로 고용되지 못했다. 과학도는 자기 연구 끝에 도출된 결과가 있으면 그 결과가 옳다고 믿고 강하게 주장하는 경향이 있다. 그러나 사회에서는 어떤 결론을 내릴 때, 내 분석 결과뿐만 아니라 다양한 여건을 고려해야 하는데, 내 분석 결과만 정답이라고 강하게 믿은 것이다. 사회 경험이 부족했던 탓에 컨설팅 회사 활동은 짧은 경험으로만 남고 나는 다시 공학자의 길로 돌아왔다.

행복한 인생·성공의 조건

쉰이 되면서 지내온 시간을 돌아보니, 자신이 좋아하는 일을 하는 사람이 가장 행복하다는 생각이 든다. 사람마다 좋아하는 일이 다르다. 공부를 좋아하는 사람, 사람 만나기를 좋아하는 사람, 혼자 있기를 좋아하는 사람, 춤을 좋아하는 사람…. 나는 의공학자가 되기까지 많은 길을 우회했다. 어려서부터 목표를 정해 놓고 평생 그걸 향해 가는 사람이 있는가 하면, 나 같은 사람은 이것저것 해 보다가 안 맞는 것은 버리고 맞는 것을 취하면서 꿈을 만들어 갔다.

고등학교 때는 문과가 안 맞으니 이과를 택했고, 대입 때는 이과 중에선 암기할 게 많은 생물은 안 맞으니 수학, 물리, 화학 중에서 진로를 정했다. 물리학을 공부한 뒤 공학을 공부해 보니, 자연과학보다는 실용적인 공학에 훨씬 잘 맞는다는 것을 알게 되었다. 자연과학은 기초 연구를 해서 어디에 쓰일지 모르지만, 공학은 바로 실생활에 적용된다. 세포가 어떻게 움직이는지 원자가 어떻게 구성되는지 연구하는 게 과학이라면, 이걸 응용해서 암 치료에 쓰는 것이 공학이다. 그런데 나는 공학 박사를 따고 나서도 컨설팅에 도전해 보았다가 '쓴맛'을 보고서 이 길이 아니라는 걸 알게 되었다.

나는 어떤 일을 할 때 답이 딱 나오는 분야를 좋아한다는 것을 알았다. 문과는 다양한 분야의 의견 수렴을 거쳐서 많은 사람이 그 상황에 맞게 선택하는 분야이므로 답이 딱 떨어지지 않으며, 많은 사람과 상호 관계를 해야 한다. 반면에 과학이나 공학은 이론, 실험, 검증 단계를 거치게 되므로 정확한 답을 얻을 수 있고, 본인이 연구에 투자한 만큼 결과를 정직하게 얻을 수 있다. 연구와 실험 그리고 데이터 분석을 좋아하고 답이 바로 나오는 것과 여러 사람에 좌우되기보다는 내 손에 결과가 좌우되는 과학을 좋아했다. 그리고 의료기기 만들기를 좋아한다는 걸 알게 되고 이 일에 매진하기까지 수많은 경험이 있었다.

　우리의 꿈은 '좋아하는 일'을 찾는 것이며, 보통 대학 시절이 '꿈'을 찾을 수 있는 가장 좋은 시기이다. 나는 뒤늦게 길을 찾아서 그런지, 초등학생이나 중학생 때 꿈을 반드시 찾아야 한다는 것은 지나치게 부담을 주는 게 아닌가 생각하기도 한다. 대학 시절 적성에 어느 정도 맞는 전공을 공부하면서 구체적인 꿈을 찾아보면 어떨까? 자신한테 순수학문이 맞을지, 비즈니스가 맞을지, 그 중간 지점인 공학이 맞을지 이때 알아봐도 그렇게 늦지 않다. 대학 시절에 등록금을 벌기 위한 아르바이트도 자기 적성과 꿈을 분명히 하는 기회가 될 수 있다. 그렇게 바라본다면, 스트레스를 조금은 덜 받지 않을까 한다.

　꿈을 찾은 것 자체가 행운이다. 주변 사람들을 봐도 자신이 하는 일을 좋아하면 성공하게 된다. 또 성공하지 못하더라도 좋아하는 그 과정만으로도 행복하다. 누구나 다 부러워하는 명문대를 나와서 의사를 하는 사람이라고 해서 모두 행복한 것은 아니다. 자기가 하는 일을 좋아하는 사람이 행복하다. 그러면 몰입하게 되고 자연스럽게 좋은 결과가 따라온다. 좋아하지 않으면 몰입하지 않게 되고, 따라서 좋은 결과로 이어지기가 쉽지 않다.

십 년 만에 갓난아이 안고 고국으로

1999년 새해 첫날 나는 하버드 의대 영상의학과 전임강사로 채용되면서 본래의 의공학으로 돌아왔다. 강의도 했지만, 방사선을 이용해 암을 치료하는 데 필요한 장비 관리, 환자 치료 계획, 정도 관리 등 업무를 담당하는 의학물리사로 일하게 됐다. 미국 사회에 본격적인 첫발을 내디딘 셈이고, 가족이 모두 미국에 살고 있는 데다 일에도 재미를 붙여 미국 생활이 편안해졌다. 대학원 시절에 만난 한국 유학생과 결혼도 하면서 한동안은 한국을 떠날 때의 결심을 잊고 살았다. 미국에서 경험과 지식을 쌓아 한국으로 돌아가 기여하겠다는 오래전 다짐 말이다.

그러던 중 남편이 한국에서 직장을 얻고, 시어머니가 폐암 치료를 받기 시작하면서 한국으로 돌아가야 하지 않을까 하는 생각이 들었다. 때마침 나는 세미나 요청이 들어와 한국의 병원 몇 곳을 방문했는데, 그때 내 인생의 세 번째 멘토인 서현숙 이화여대 교수님을 만나게 된다. 서현숙 교수님

서현숙 교수님과 함께

은 미국으로 다시 돌아와 일하던 나에게 전화해서 이화여대 부속병원에서 일하면 어떻겠느냐고 제안했다.

나는 곧바로 일할 수 있다고 답변하고 싶었다. 하지만 출산일이 한 달밖에 남지 않은 상태라 담당 산부인과 의사와 가족이 비행기 탑승이 위험하다며 만류했다. 결국 한국에 당장 가기는 어렵다고 답변을 드렸다. 실제로 그다음 달에는 출산 직후 출산 합병증으로 응급 대수술까지 하는 시련을 겪었다. 그런 와중에 이대병원의 제안을 한 번 더 받게 된 나는 태어난 지 한 달도 되지 않은 아이를 안고 한국행 비행기에 몸을 실었다.

내가 이대병원에서 근무하기 시작한 날짜는 2000년 3월 1일이다. 아이를 낳고 대수술까지 받은 사람이 한 달도 채 안 돼서 한국으로 날아가 일을 하다니⋯. 그때 심정은 두 차례에 걸쳐서 나를 불러 주신 서현숙 교수님의 기대에 부응하도록 최선을 다하자는 것뿐이었다.

밤새 일해도 신나는 의공학자의 삶

내가 이대병원에서 하는 일은 크게 세 가지다. 그

중 하나는 의대 학생과 의학물리 대학원생들을 가르치는 것이다. 의공학개론, 방사선물리, 치료방사선물리 등의 과목을 강의한다. 두 번째는 방사선을 이용해 암 환자를 치료하는 계획을 짜고, 더 효과적인 치료 방법을 연구하는 것이다. 환자의 부작용을 조금이라도 줄이고 치료 효과를 높이기 위해서 매일 새벽까지 일하는 것이 일상이다. 의사는 실제로 환자를 치료하지만 나는 컴퓨터에서 환자를 치료한다. 방사선을 이리저리 쪼여 보며 환자에게 부작용이 가장 적게 나타나고, 치료 성적이 좋아지는 방법을 계속 찾다 보면 아침이 오는지도 모르고 일할 때가 많다. 세 번째는 의료기기를 개발하는 연구자이다. 의료기기를 연구하고 개발하는 전문가를 보통 의공학자라고 하는데 나는 의대 교수이기도 하지만 의학물리사이면서 의공학자인 셈이다.

의공학은 생물, 화학, 물리학 등 자연과학뿐 아니라 전기전자공학 등을 바탕으로 의료기기를 개발하는 학문이다. 즉 자연대나 공대에서 배운 지식을 임상에 적용하는 것이다. 생물학에서 조직을 연구한다면, 의공학에서는 이를 인공 피부 조직으로 만드는 걸로 연결한다. 의학을 공부한 사람은 기계 지식이 부족하고, 공학을 공부한 사람은 인체에 대한 지식이 부족하기 때문에 두 분야가 만나야 의공학이 탄생한다. 병원에서 사용하는 간단한 기기부터 첨단 장비까지 모두 의공학적 산물이다.

의공학은 보통 18세기 독일의 물리학자인 다니엘 파

렌하이트(Daniel Fahrenheit)가 체온계를 만들면서 시작된 것으로 본다. '모든 물질은 온도가 올라가면 부피가 늘고, 온도가 내려가면 부피가 줄어든다'는 물리학의 기본 원리 위에 환자 몸에 적용할 수 있게 디자인하는 것이 의학과 물리학의 융합으로 곧 의공학이다. 프랑스의 의사 르네 라에네크(René Laennec)가 발명한 청진기 역시 의공학 역사에서 빼놓을 수 없는 업적이다. 빌헬름 뢴트겐(Wilhelm Röntgen)이 발견한 엑스선 또한 엑스레이 기기 발명으로 이어졌다. 예전에는 청진기 하나로 사람을 진단했다면 지금은 내시경, 초음파, MRI 등 다양한 진단 기구를 이용하는데, 이것이 바로 의공학의 역사이며 기초과학과 공학이 의학과 만나 온 과정이다. 의공학의 역사는 이제 진단을 넘어 인공 심장, 인공 신장부터 인공 달팽이관, 인공 피부, 인공지능까지 우리 신체 기관의 대체물로 이어지고 있다.

　나는 아픈 사람들을 위해 뭔가를 하고 싶다는 생각은 있었지만 의사가 적성에 맞지 않아 직업으로 삼지 못했는데, 좋은 의료기기를 개발해 그들을 진단하고 치료할 수 있게 되어 보람을 느낀다. 의사의 진료도 환자에게 영향을 미치지만, 내가 개발한 장비도 환자 치료에 즉각적으로 영향을 준다.

　박사 시절 시작해서 지금까지 내가 개발한 의료기기는 50개가 넘는다. 진단 및 치료에 사용되는 장비는 병원의 여러 과(영상의학과, 치과, 산부인과, 소아과, 이비인후과, 방사선종양학과, 응급의학과 등)에서 사용 가능한 장비이다. 치과 영상 촬

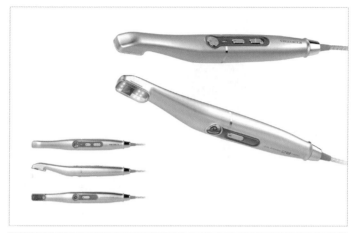

치과용 카메라(위)와 소형 X-ray 카메라(아래)

영 장비, 이비인후과 카메라, 산부인과 전기수술 장비, 응급
의학과 경추보호대, 정형외과 및 동물용 엑스레이 장비, 산부
인과 온열치료 장비, 영상의학과 유방암 진단장비, 방사선종
양학과 초음파 온열치료 장비, 소아과 키 예측 프로그램 등이
다.

　　그중에서도 내가 가장 자랑스럽게 여기는 장비는 구강

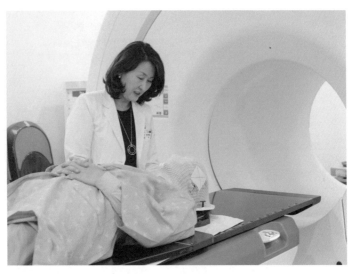

방사선 치료 장비로, 뇌암 치료를 위한 환자 고정 장치 세팅 중

내 엑스레이 촬영 기기이다. 지금까지 치과의 엑스레이 촬영 기계는 충치를 확인하기 위해 입 안에 까만색 필름이나 딱딱한 '센서(sensor)'를 넣어야 했는데, 그 필름의 이물감 때문에 환자들이 구역질을 하거나 토하는 등 고통을 겪는다. 특히 어린이들은 더욱 힘들어한다. 내가 만든 장비는 그런 불편을 없애기 위해 입 밖 얼굴 부분에 센서를 대고 입 안에는 볼펜 모양의 작은 엑스선 발생 기구를 넣어서 촬영한다. 이 볼펜 모양의 기구는 입 안에 닿지 않기 때문에 이물감이 전혀 생기지 않는다. 현재 미국 특허를 받았고 임상 시험 중이며 상용화를 앞두고 있다.

개발에 매진하던 어느 날이었다. 나는 공학도로서 계

속해서 많은 장비를 개발했지
만 환자에게 사용되지 못한다
면, 나만의 자부심으로 끝나고
만다는 사실을 깨달았다. 그 이
후로, 개발 장비를 시장에 출
시하기 위해 레메디(REMEDI,
Revolution in Medical Device)라
는 회사를 창업했고 생산 공장
도 운영한다.

여성창업경진대회 수상 장면

　　의료장비 개발은 병원에
서 환자를 치료하는 의사들의 아이디어로 시작한다. 병원에
서 의사들은 수많은 의료기기들을 사용해 환자를 진단하고
치료한다. 그러는 중에 사용하기 불편하거나, 환자에게 맞지
않는다거나 도움이 될 부분에 대한 아이디어가 떠오르면, 공
학적으로 구현 가능한지 궁금증을 품게 된다. 이럴 때 공학도
인 나와 의논하기도 하는데, 이런 과정에서 좋은 아이디어와
기술이 만나면 혁신적인 제품 개발로 이어진다.

　　제품 개발은 먼저, 연구실에서 하는 프로토타입
(prototype, 제품의 원형) 개발에서 비롯된다. 그런 뒤 성능 검
사와 판매를 위한 시장성 검토를 잘 마치면, 대량생산 과정을
거쳐 판매 제품을 내놓게 된다. 제품을 개발할수록 나는 창업
을 심각하게 고민하게 되었다. 연구자가 제품 개발에 성공하
면 기존 회사에 기술을 이전하기도 하지만, 아직 한국 현실에

서는 그것이 성공적인 제품 생산이나 판매로 잘 이어지지 않기 때문이다. 결국 나는 직접 의료기기 제조회사를 창업했는데, 현재 20여 명이 일하고 있다.

내가 개발한 장비들은 하나같이 내가 공부한 방사선을 활용한다. 뢴트겐이 발견한 방법으로 엑스레이를 만들고(엑스레이 발생부) 엑스레이를 몸에 쪼이면 엑스레이가 몸을 통과하면서 방사선의 수가 줄어든다. 우리 몸 외부에 도달한 방사선의 수를 세어서(방사선 검출부, 카메라 필름에 해당) 많이 도달하면 높은 수를, 적게 도달하면 낮은 수를 적게 되는데, 그것을 흑백으로 표시하면 엑스선 영상이 된다.

의료기기 발명에 대한 내 의지는 2016년 이대 의료원에 '의공학 교실'을 여는 것으로 결실을 보았다. 장기적으로 나는 암 치료를 위한 의료기기를 개발하려고 준비하고 있다. 상당한 연구와 실험 기간이 필요하겠지만, 그 일을 생각하면 벌써부터 가슴이 두근거린다. 의료장비 개발은 끝도 없이 다양하다. 똑같은 물리적 원리라도 적용되는 분야에 따라 각기 다른 의료기기들이 탄생한다. 예를 들어, 동일한 카메라 기술이 치과에 적용되면 의료용 구강 카메라, 피부를 보기 쉽게 만들면 피부과용 카메라, 위나 대장을 보기 쉬운 모양으로 만들면 소화기내과용 내시경, 목을 보기 쉽게 만들면 이비인후과용 내시경이 된다. 하나의 기술도 적용하는 의료 분야가 무궁무진하므로 앞으로도 개발할 기계는 끝도 없을 것 같다. 의료기기 개발은 국가 경제에도 도움을 줄 수 있다. 좋은 장비를 만들어 판매가 잘되면 관련 일자리도 늘어나고, 더 나아가 비용을 낮춘 국산 의료기기는 한국의 의료 비용을 줄이는 데 보탬이 된다.

남편은 나에게 "교수가 사업을 해서 돈을 벌려고 하는 것은 남들 눈에 좋지 않아 보인다"라고 걱정하지만, 회사가 성공해 돈을 많이 벌면 좋은 기술은 있지만 자금이 부족해 제품을 출시하지 못하는 사람들을 그 돈으로 지원하고 싶다. 그리고 공부를 하고 싶은데 경제적으로 어려워 꿈을 포기하는 젊은이들을 후원하고 넓은 세계를 경험할 수 있는 기회도 주고 싶다. 이 같은 꿈을 이루지 못하더라도 그 과정이 즐겁기 때문에 그것만으로도 충분히 행복하다.

10년간 연구 지원을 받지 못하는 좌절도

여기 오기까지 좌절도 만만치 않았다. 이대 의료원에 부임해 처음 10년은 연구를 위한 정부 지원금을 하나도 받지 못해 애를 먹었다. 1년에 10건씩 정부에 연구 지원서를 제출해도 번번이 채택되지 않았다. 내가 가장 잘하는 것이 연구라고 믿었고 연구에 대한 열망이 누구보다도 컸지만, 그것은 나만의 생각일 뿐 남들은 나의 진정성과 연구 능력을 알아주지 않았다. 나는 절망할 수밖에 없었다. 정부 연구비를 주는 공무원들이 내 연구 주제를 이해하지 못하나 하는 원망도 생기고, 혹시 연구비 지원도 다 인맥으로 이뤄지나 하는 의심마저 들었다.

하지만 내가 어느 연구 지원금의 심사위원으로 들어가게 되면서 나의 부족한 점을 깨닫게 되었다. 내가 제출한 지원서들이 공무원들을 전혀 이해시키거나 설득시키지 못했다는 것을 그제야 알았다. 다행히 그 뒤로 나의 연구 제안 계획서가 많이 변하게 되었고 결국 연구비를 받아 원하던 연구를 실컷 할 수 있게 되었다.

긴 시간 좌절했지만 그래도 버틸 수 있었던 건 일이 무척 재미있었기 때문이다. 암 환자의 방사선 치료 계획을 짜고, 의료장비를 연구·개발하고, 결국 환자의 고통을 줄여 치료에 성공하겠다는 사명감도 물론 있었다. 그러나 우선은 일 자체가 흥미진진했다.

의공학 또는 의학물리 분야의 여성 과학자는 의학, 공학 그리고 여성을 융합한 트리플 컨버전스(triple convergence) 전문가인 셈이다. 또 여성은 수직적 상하 관계보다 수평적 네트워크에 훨씬 적응력이 뛰어나다. 초고속·초연결 사회에서 수평적 네트워크는 훨씬 강력한 힘을 발휘한다.

몸속을 보여 주는 방사선

문화권마다 차이가 있지만 대개 인간 몸의 해부는 금기시되었으므로, 눈에 보이지 않는 몸속 구조와 기능은 오래도록 잘 알려지지 않았다. 엑스선과 같은 방사선이 발견되기 전까지 장기 연구는 아주 천천히 진행되었다. 1895년에 몸속을 투과하는 신비한 방사선인 엑스선이 발견된 후, 몸속 사진을 찍을 수 있게 되었다. 한참 뒤인 1970년대에 이르러 이 엑스선으로 몸을 3차원적으로 찍는 CT가 상용화되면서 이제 더는 몸을 해부하지 않아도 몸속 장기를 눈으로 볼 수 있다. 방사선 덕분에 의학 연구가 활발해졌고, 현대 의학이 매우 빠르게 발전했다.

몸속에는 오장육부라고 하는 큰 장기들이 있다. 폐, 심장, 신장, 방광, 위, 소장, 대장 등이 대표적인 장기이다. 이들 장기는 조직(tissue)으로 구성되어 있고, 이런 조직들은 모두 세포로 구성되어 있다. 세포는 대부분 생명체의 기본 구성단위이며 DNA로 구성된다. DNA는 이중 나선 구조인데, 한마디로 배배 꼬인 지퍼를 생각하면 된다. 지퍼의 양쪽이 맞아 들어가듯이 DNA는 A, T, C, G라고 불리는 네 종류 뉴클레오타이드(nucleotide, DNA 사슬의 기본 구성단위)가 서로 짝을 이루며 마주 본다. A는 T와, C는 항상 G와 마주 보게 된다. 그런데 바로 이 뉴클레오타이드들도 구조를 살펴보면 결국 화학에서 공부하는 분자들로 구성되어 있다.

그렇다면 분자가 우리 몸을 구성하는 가장 작은 물질일까? 아니다. 분자를 구성하는 최소한의 알갱이는 원자다. 수소(H), 산소(O), 질소(N) 등이 원자들이다. 그럼 '더는 쪼개지지 않는 단위'인 원자에서 미시 세계 여행은 종결되는 것일까? 그렇지 않다. 과학자들이 원자를 발견한 것은 '더는 쪼개지지 않는 최소한의 단위'에 대한 관념의 발명이 큰 역할을 했지만, 막상 원자를 발견한 후 더 연구해 보니 원자 역시 더 작은 미시 구조를 가지고 있었다. 원자는 원자핵과 그 주변을 도는 전자로 이루어져 있으며, 원자핵은 다시 양성자와 중성자 같은 물질로 구성된다. 그렇다면 양성자와 중성자는 가장 기본 단위의 물질일까? 역시 아니다. 이마저도 쿼크라는 물질로 구성되어 있음이 밝혀졌다. 결국 우리 몸속 DNA를 비롯해서 모든 조직과 장기, 더 나아가 세상을 이루는 모든 만물이 바로 원자들이 모여서 만들어진 것이고 이러한 원자를 쪼개어 보면 양성자, 중성자, 전자로 되어 있다.

그럼 방사선의 종류에는 어떤 것들이 있을까? 방사선에는 양성자, 중성자, 전자가 주고받는 에너지인 엑스선과 감마선이 있다. 결국 우리 몸을 구성하는 기본 입자와 그 입자들이 상호 작용하기 위한 에너지인 엑스선과 감마선이 방사선이다. 우리 몸이 방사선과 동일한 물질로 되어 있다니! 무서울 수 있는데 걱정할 필요는 없다. 몸을 구성하는 양성자, 중성자, 전자는 마음대로 움직일 수 없기 때문에 인체에 해를 끼치지 못한다. 양성자, 중성자, 전자가 운동에너지를 가지고 마음대로 움직일 때만 인체에 해를 끼칠 수 있고 움직이는 양성자, 중성자, 전자를 우리는 방사선이

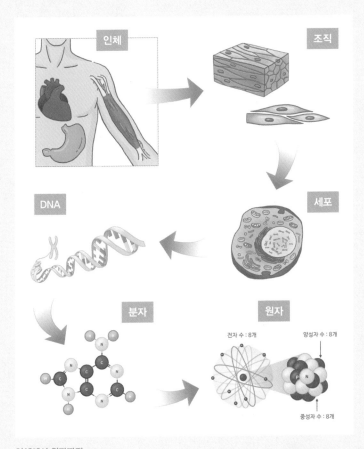

인체에서 원자까지

라고 한다. 야구공의 경우 조금만 힘을 주어도 쉽게 움직이게 할
수 있지만 양성자, 중성자, 전자를 움직이게 하려면 엄청난 에너
지가 필요하다. 따라서 우리 몸이 양성자, 중성자, 전자로 구성되
어 있다고 해도 걱정하지 않아도 된다.

의학물리사·의공학자가 되려면…

　　의료 분야에서 방사선은 암의 진단과 치료 등에 사용되는데, 의사들은 방사선 장비에서 촬영된 사진을 보고 어떤 병인지 알아내거나, 암의 종류와 위치를 확인해 방사선을 얼마만큼 쪼이면 암을 죽일 수 있는지 판단한다.

　　의학물리사는 의사가 처방한 방사선이 정확하게 암에 들어갈 수 있도록 방사선 장비를 관리하고 컴퓨터에서 가상의 환자를 대상으로 방사선을 쪼여 환자에게 가장 적합한 방사선 치료 방법을 고안하는 일을 하는 사람이다. 보통 대학병원의 방사선종양학과, 핵의학과, 영상의학과에 근무하게 된다. 의학물리사가 되려면 대학에서 물리, 방사선, 원자력 등을 공부하고 석사 또는 박사를 한 뒤 병원에서 2년 이상 트레이닝을 받고 전문인 자격시험에 합격하면 된다. 미국에서는 의학물리사 면허를 주는 곳도 있지만 아직은 자격증을 더 많이 받고 있다. 국내에서도 의학물리 전문인이 되기 위한 자격시험을 통과하면 된다.

　　의공학은 의료장비 개발, 의료장비 유지·보수, 인공심장 개발 등을 하는 학문이며 생물학, 화학, 물리학, 공학 등의 지식을 의학에 적용해 환자들의 진단과 치료에 도움을 준다. 의공학자가 되려면 의공학과가 있는 대학에 진학해도 가능하지만 학부 때 생물, 물리, 화학, 기계공학, 전자공학, 컴퓨터공학, 화학공학 등을 전공하고 대학원 때 의료 관련 기본 지식인 생리학, 해부학, 의공학개론 등의 수업을 들으면 된다. 의공학자는 기존의 고전적 직업이 아니라 4차 산업혁명 시대에 맞춰 탄생한 신생 직업군이다. 이제는 어떤 명의도 장비 없이는 진료와 치료를 할 수 없는 시대가 왔기 때문에 의공학의 역할은 더욱 커질 것이다.

의공학 분야에서 개발과 보급을 앞두고 있는 지능형 공공의료 서비스 애플리케이션, 헬스케어 로봇, 감성 돌보미 로봇, 간호·간병 로봇, 근력지원 웨어러블 슈트 등에는 지능정보기술 전문가와 기술융합 전문가인 의공학자가 필요하다. 혈당을 비롯한 각종 생체 신호를 전자파 등을 이용해 확인하는 기술, 나노바이오 기술, 피부·장기를 생산하는 4D 바이오 프린팅 기술 역시 4차 산업혁명을 이끌 대표적 기술로서 의공학자들이 활약하는 분야이다.

전통적으로 의료는 의사 등 전문가의 고유 영역으로 여겨졌지만, 앞으로는 의료를 개인에게 돌려주는 '의료 민주화' 시대가 열릴 것이다. 건강 유지, 질병 예방과 질병 치료 측면에서 전에는 생각지 못했지만 앞으로는 당연하게 될 서비스들이 너무나 많다. 아플 때만 의료 서비스가 필요하다는 관점이 파괴되고, 건강한 신체를 더욱 건강하게 관리한다거나 잠재된 위험을 제거하고 심신의 조화로운 건강과 아름다움, 행복까지 의료라는 범주 안에 모일 가능성이 높다. 그에 따라 의공학 전문가에 대한 요구는 더욱 많아질 것이다.

인공지능,
건강 식단을 짜다

식품영양학자

김 정 선

식품(영양)과 질병 발생과의 상관성을 확률 통계적 방법으로 분석하는 영양역학 연구를 해 왔다. 응용영양학·농수산식품 분야 최상위 학술지에 한국인 고유의 식문화가 만성질환 예방에 영향을 줄 수 있다는 근거를 분자생물학적 기전으로 설명한 논문이 다수 게재되었다. 이화여자대학교 식품영양학과 학부와 동 대학원 영양학 전공으로 석사 학위를 취득하고 미국 뉴욕대학교에서 영양역학으로 박사 학위를 받았다. 현재 국립암센터 국제암대학원대학교 교수로 있으며, 학술 활동과 홍보 등의 업적으로 보건복지부장관상, 대한암학회 학술상, 올해의 여성과학기술자상 등을 수상했다.

유명 아이돌 설현이 나온 광고.

설현이 "나 노래해 줘!"라고 휴대전화에 대고 말하자

휴대전화에서 "저 노래 못하는 거 아시잖아요"라고

답한다. 그래도 설현이 "나 노래해 줘!"라고 애원하자

휴대전화가 "짜라짜라 짜짜짜" 하고 노래를 부른다.

이에 설현이 무언가 떠오른 듯 광고용 음식을 먹고,

휴대전화는 "한 입만 주세요"라고 부탁한다.

가상 세계에서나 가능할 것 같았던 인공지능과

대화하는 것은 이미 현실이 되었다.

인공지능이 오늘 내 컨디션에 맞는 식단을 추천해

주고, 내가 먹는 식단을 보여 주면 칼로리와 영양소를

계산해 줄 날이 멀지 않았다.

매일 맞춤 식단과 맞춤 영양이 가능해진다는 얘기다.

사람들의 밥상을 바꾸는 일

식품영양학자 김정선

매일 통근버스를 타고 출근해 아침 8시에 근무를 시작하는 나는 먼저 컴퓨터를 켜서 '펍메드(www.pubmed.gov)'에 접속한다. 이 사이트는 미국 의학 및 생물학 연구의 새로운 논문들을 업데이트해 주는 데이터베이스다. 내가 관심 있

는 주제의 새로운 논문이 있는지를 살펴보며 아이디어를 얻는다. 놀라운 생각을 담은 논문들은 나를 좀 더 자극하고 채찍질하며, 그것을 한국인에게 적용하면 어떨까 하는 호기심이 샘솟는다.

연구실에서 하루 종일 컴퓨터와 씨름하며 분석하고 논문을 쓰는 일이 지겹지 않은 이유는 내 연구 결과가 일반인들의 식생활과 바로 연결되기 때문이다. 연구 결과가 언론에 자주 소개되어 보통 사람들의 밥상을 바꿔 놓기도 한다. 아마도 논문에 갇혀 있는 연구, 즉 글로만 끝나는 연구였다면 1년에 20편씩 쓰는 동력을 만들어 내지 못했을 것이다. 내 연구가 가족과 지인을 넘어 한국인 전체에 올바른 식습관을 제시한다는 데에 책임감을 느끼면서 지금껏 달려왔다. 기술과 문명이 아무리 발전해도 여전히 인간에게 가장 중요한 것은 '의식주'이다. 그중에서 나는 '식(食)'을 맡고 있다는 사명감에 보람이 크다.

요즘 들어서는 식품영양학자들의 역할이 더 중요해진 것 같다. 텔레비전만 켜면 음식과 영양, 몸에 좋은 식품에 대한 정보가 넘쳐나기 때문이다. 온 국민이 영양 전문가를 자처하고, 근거 없고 단편적인 정보가 난립하는 만큼 정확한 근거에 기초한 가이드라인을 제시하는 게 훨씬 더 중요해졌다. 인기 건강 프로그램에서 어떤 식품이 몸에 좋다고 방송하면 다음 날 마트와 시장에서 그 식품이 동이 나는 일이 흔해졌다. 어느 날 방송에서 비타민A가 중요하다고 하면 시청자들이 전부 비타민A를 사다 먹고, 다음 방송에서 비타민B가 중요하다고 하면 다시 비타민B로 다 바꿔 먹는 식이다. 한번은 방송에서 오랫동안 우리 몸에 나쁘다고 알려진 '지방'이 다이어트에 도움이 되고 심지어 건강에 이롭다고까지 하자 마트에서 삼겹살과 버터가 품귀 현상까지 빚기도 했다. '고단백 저탄수화물 다이어트'가 연이어 소개되었을 때는 일반인들 사이에서 거세게 유행하면서 인터넷마다 다이어트 후기가 넘쳐나기도 했다. 과다 정보의 홍수는 자칫하면 국민 건강을 더 해칠 수 있기 때문에 내가 하는 일의 중요성이 더 커진 셈이다. 실제로 기존의 상식에 반하는 식품이나 식단이 유행할 때 나에게 어떤 것이 올바른 정보인지 알려달라는 언론의 요청이 종종 있다. 그러면 얼른 혼란을 최소화하기 위해 하던 일을 멈추고 지금까지 발표된 자료를 바탕으로 과학적인 답변을 주려고 노력한다.

아버지 권유로 시작한 전공 공부

　　나는 의사이자 의대 교수였던 아버지의 권유로 식품영양학을 전공하게 되었다. 오랫동안 병원에서 환자를 지켜보셨던 아버지는 영양과 식습관이 사람의 건강에 미치는 중요성을 깨닫고 영양학 공부를 추천했다. 중·고등학교 시절에 나는 모든 과학 과목을 좋아했던 터라 큰 고민 없이 아버지의

이화여대 심벌 마크

뜻을 따라 이화여대 식품영양학과에 진학했다.

학과 커리큘럼은 기초과학뿐 아니라 응용과학까지 포함되어 흥미로웠다. 식품영양학은 크게 두 부분으로 나뉜 실용적인 학문이다. 식품 원료의 이화학적 특성을 파악해 적절하게 저장, 가공, 제조하는 방법을 다루는 식품과학과 식품을 섭취한 뒤 인체 내에서의 소화, 흡수, 이용에 대한 영양 생리적 작용을 다루는 영양학이 그것이다. 나는 다양한 공부 중에서 생화학(biochemistry)에 무척 흥미를 느꼈다. 생화학은 생물체 내에서 이루어지는 화학 반응, 생물체의 물질 조성 등을 화학적인 방법으로 연구하는 분야다.

학과 공부를 하면서 나는 취미로 영어 회화를 배우고, 영어 공부 동아리 활동을 하는 등 막연하게나마 유학을 생각하다가 대학 3학년부터는 미국 대학원에 입학하기 위해 본격적인 준비에 들어갔다. 그러나 대학 4학년 때 지도 교수님이 영양생화학 분야를 심도 있게 공부하기를 권유해서 잠시 유학을 미루고 같은 대학원 식품영양학과 석사 과정에 들어가 영양생화학을 공부했다. 이를테면, 동물(쥐)에게 불포화지방산인 생선 기름을 먹여서 혈전증(피가 응고하는 증상)이나 혈액 구성 및 혈소판의 지방산 조성 변화가 어떻게 달라지는지 연구하는 것이다. 공부를 할수록 나는 연구와 천성이 잘 들어맞는다는 확신을 얻었다. 이제 어떻게 박사 과정 유학을 떠나느냐만 결정하면 되었다.

그런데 '궁하면 통한다'는 속담이 나에게 실현될 줄이야. 그날도 늦게까지 동물실험을 마치고 집에 가다가 학과 게시판에 공고된 국비 유학 장학생 모집 포스터를 보게 되었다. 시험 과목은 국사, 국민윤리, 농화학이고 농화학 분야에서 1명을 선발하는데 당시 13명이 응시했다. 내가 준비했던 내용과 예상했던 문제들이 시험에 나온 덕에 국비 유학 장학생으로 선발되었다.

그런데 석사 과정을 마치고 결혼한 나에게는 이미 돌봐야 할 아이가 있었다. 아이와 좀 더 시간을 보내야 하는데, 그러기엔 석사 과정에서 공부한 영양생화학을 계속하기에는 무리였다. 영양생화학은 실험실에 늦게까지 남아 실험해야 했다. 나는 집에서도 할 수 있는 공부를 찾다가 급기야 전공 분야를 바꾸는 결정을 내렸다. 그게 바로 영양역학(榮養疫瘡)이다.

역학이란 질병을 다루는 학문으로, 질병의 원인이 무엇인지 통계적인 확률에 근거해서 경향성을 분석하는 학문이다. 질병이 하루아침에 갑자기 생겨나는 것이 아니라 유전자 또는 생활 습관으로 발생한다고 가정하고 통계적 상관관계를 분석한다. 그중 영양역학은 우리가 일상적으로 섭취하는 식품과 영양 상태, 식습관 등과 질병의 관련성을 분석하는 학문

으로, 컴퓨터만 있으면 데이터를 분석해서 연구할 수 있는 분
야이다.

나는 영양역학으로 전공을 바꿔서 미국의 뉴욕대학교
에서 박사 과정 입학 허가를 받았다. 뉴욕대학교는 남편이 유
학하고 있는 뉴욕 컬럼비아대학교 인근이기도 했다. 뉴욕이
라는 낯설고 거대한 메트로폴리스에서 새로운 생활, 새로운
공부가 시작되었다.

영양역학은 육아 때문에 새로 도전한 분야이긴 했지만
종종 '이걸 하길 정말 잘했다'고 느낄 만큼 흥미진진했다. 인
간의 '생로병사' 중 '병사', 즉 질병과 사망 원인을 영양적 관
점에서 분석하는 건 나와 가족은 물론 모든 인간의 건강과 직
결되는 문제이기 때문에 지루할 틈이 없었다. 역학을 공부하
면서 통계학과 자료 분석, 질적·양적 연구 방법론 등도 깊이
배울 수 있었다. 석사 과정에서 공부했던 영양생화학도 결과
적으로 내 연구에 크게 도움이 되었다. 역학에서 나온 결과를
두고 기전(메커니즘)이 무엇인지 설명할 때는 생화학적 지식의
도움을 받아야 하기 때문이다. 학부 때 배운 식품영양학의 기
초 과정 위에 영양생화학이라는 전공을 쌓았기에 그 위에서
영양역학이 꽃을 피울 수 있었다.

박사 과정 동안 지도 교수님이었던 메이블 첸(Mabel
Chan) 박사는 홍콩계 중국인이었는데, 아이를 키우면서 공부
하는 나를 늘 안쓰러워하시고 타지에서 유학하는 나와 우리

뉴욕대학교 캠퍼스(출처: 뉴욕대학교 홈페이지)

가족을 명절 때마다 집으로 초대해 홍콩식 미국 퓨전 음식을 손수 만들어 주셨다. 돌이켜보면, 내가 낯선 땅에서 힘들게 육아를 병행하며 학업을 마칠 수 있었던 것은 많은 부분이 지도 교수님 덕택이라고 해도 지나친 말이 아니다.

박사 과정에서 내가 잡은 첫 번째 연구 주제는 미국에 사는 한국인, 한국에 사는 한국인, 미국에 사는 미국인 간의 대장암 발생 비교 연구였다. 육식을 많이 하는 식습관으로 바뀌면서 한국 성인의 대장암 발병률이 점점 높아지고 있다는 점에서 착안했다.

그러나 미국의 의료 체계는 한국과 많이 달라서 연구자가 직접 환자에게 접근할 수 없었다. 안타까운 대로 미국에 사는 한국인의 식생활 평가 도구와 대장암 환자를 평가할 수 있는 식생활 평가 도구를 개발하는 데 만족해야 했다. 하지만 이로써 역학적인 연구를 할 수 있는 근거가 마련되었다.

박사 과정 초기에 실행하지 못했던 국가 간 대장암 비교 연구는 '박사 후 과정(포닥)'에서 할 수 있었다. 운이 좋게도 박사 과정을 마친 뒤 한국·중국·일본 3개국의 대장암 비교 연구를 수행하기 위한 연구원을 찾고 있는 서울대학교 의과대학교 예방의학교실과 아주 맞춤하게 연결되었다. 당시로선 식품영양학 전공자가 의과대학에서 포닥을 하는 경우가 흔하지 않았는데, 내 관심사와 딱 맞아떨어져서 의대에서 경력을 쌓을 수 있었다.

이렇게 내 연구는 대학원 과정에서 포닥까지 쉼 없이 이어졌다. 하지만 그 와중에도 언젠가는 가르치는 일을 해 보고 싶다는 바람이 있었다. 대학 시절 용돈을 벌기 위해 중학생과 고등학생들을 가르치는 과외 아르바이트를 했는데, 그때 처음으로 내가 가르치는 것에 흥미와 재능이 있다는 걸 알게 되었다.

가르치는 게 재미있다 보니 어떻게 하면 더 잘 알려 줄까 궁리를 거듭했고, 아이들의 성적이 쑥쑥 오르니 보람도 컸다. 성적이 오른 학생의 부모님은 나를 또 다른 학생에게 소개해 주었고 '꼬리에 꼬리를 무는' 과외 소개가 이어졌다. 이 경험으로 나에게는 가르치는 직업을 가져야겠다는 소망이 생겼다.

가르치는 일과 연구

　　포닥을 마치고 첫 직장 생활은 세명대학교에서 시작했다. 한방식품영양학 전임교수로 내가 바라던 가르치는 일이었다. 충청북도 제천에 있는 세명대에서 일한 경험은 지금 생각해도 마음이 훈훈해진다. 대부분 학생들이 서울이나 수도권 출신이라 기숙사 생활을 했고, 나 역시 학교 근처에 집을 얻어서 학교를 오갔으며, 서울에 있는 남편과는 주말부부 생활을 했다. 학생들도 나도 학교에 있는 시간이 많으니 학생들의 고민과 이야기를 들어줄 기회가 많았다. 그 시절 나는 30대 초반으로 젊고 활력이 넘쳤고, 학생들도 어찌나 순수하던지 정을 많이 쌓았다.

　　당시 세명대 한방식품영양학과는 만들어진 지 1년밖에 되지 않은 초창기여서 나는 학과의 기초를 세우고 대학원 과정과 영양교사 양성 과정도 만드는 등 행정적인 일로 많이 바빴다. 식품영양학과 출신의 강점이 국가고시를 봐서 '영양사' 자격증을 갖출 수 있다는 것인데, '한방식품영양학과'라는 이름 때문에 국가고시를 볼 자격이 안 된다는 통지를 받고 보건복지부 담당자를 찾아가 우리 커리큘럼이 식품영양학과 과정에서 배우는 과목을 다 포함하고 있다는 걸 보여 주고 설득해 시험 응시 자격을 따내기도 했다. 여러 가지 난제를 해결하는 과정에서 동료 교수들과 힘을 모아 새로 생긴 학과를 정착시키고, 학생들을 성장시키는 일들이 보람을 안겨줬다. 다만, 전처럼 연구할 시간을 좀처럼 낼 수 없다는 것은 몹시 아쉬웠다.

시간이 흐르면 흐를수록 연구에 대한 갈증은 커져 갔다. 나는 암과 식품의 관계를 꾸준히 연구해 왔는데, 박사 때 대장암 연구에 관심이 높았던 터라 포닥 과정에서 대장암 연구를 했다. 암 연구를 계속하고 싶은 이유에는 개인적인 사연도 있었다. 할아버지가 위암으로 돌아가신 데 이어 아버지도 신장암으로 돌아가신 가족력 때문에 연구에 대한 욕심이 더 생겼다. 게다가 내가 공부한 역학 분야는 연구 대상자가 많이 필요하고 혼자 하기보다는 여러 분야 또는 여러 기관과 공동 연구가 많은 편이어서 여러모로 대학에서 연구하기에는 한계가 많았다. 결국, 나는 교수 생활 6년을 채우고 국립암센터 연구원으로 자리를 옮겼다. 포닥 시절, 의대에서 일했던 경험이 국립암센터로 이직할 때 연결고리가 되었다.

채소부터 소주까지… 170여 편의 논문 성과

다행히 국립암센터로 옮긴 뒤부터는 아쉬움 없이 연구하고 논문을 쓸 수 있었다. 이곳에 와서 지금까지 약 10년 간 170여 편의 논문을 썼다. 1년에 20여 편씩, 한 달에 약 2편씩 쓴 셈이다. 그중 절반은 내가 주(主)저자이고, 절반은 공저자로 쓴 논문들이다.

우유 반 잔에 대장암 위험 '똑'

SBS

김정선 / 국립암센터 암대학원대학교 교수
우리 몸의 대사율을 최대로 높이는 차원에선
(칼슘을) 식품을 통해서 섭취하는 것이 가장 좋고,

8 NEWS 정치 - 사진만 공개하던 관행 깨···"무수단 실패 만회 의도"

방송 프로그램에서 설명하는 모습

그중 가장 기억에 남는 논문은 2010년 미국의 저명한 학회지 〈미국 임상 영양학 저널(American Journal of Clinical Nutrition)〉에 실린 '한국의 위암 발생과 짠 음식 선호도에 관한 코호트 연구'이다. 짠 것을 먹으면 위암 발생 위험이 높다는 게 일반적인 속설인데 정말로 그런지 실제로 자료를 조사하고 분석한 논문이었다.

관찰 연구의 질적 수준은 연구 대상자 수가 얼마나 많은지가 좌우한다. 즉 대상자 수가 많으면 그 연구 결과의 신뢰도가 그만큼 높아지는 것이다. 1000명의 자료에서 나오는 통계적인 신뢰도와 10만 명에서 나오는 결과는 다를 수밖에 없다. 앞서 말한 연구는 30세에서 80세 사이의 220만 명 이상 한국 성인을 대상으로 조사한 것으로, "짠 음식을 좋아하면 위암 발생률이 10% 높아진다"라는 결론을 얻었다. 1996~1997년에 건강검진을 받은 220만 명의 식습관과 생활

습관을 6~7년간 추적 조사했는데, 이 기간에 남성 9620명, 여성 2773명에게서 위암이 발생했다. 짠 음식과 위암이 상관이 있는 이유로는, 위장에 존재하는 짠 음식을 좋아하는 박테리아들이 위벽을 자극해 위암을 일으키는 것으로 분석되었다. 워낙 대규모 대상자를 바탕으로 한 전향(轉向)적 코호트 연구였기 때문에 치우침이 없는 연구로 평가받았으며, 〈뉴욕타임스〉와 〈로이터〉 등 세계적으로 유명한 언론에 많이 소개되었다.

최근에 나온 연구 중에서는 '녹색과 흰색 채소가 주황색·빨간색 채소보다 대장암 발생 위험을 낮춘다'는 결과물이 언론과 대중의 이목을 많이 끌었다. 이 연구는 국내 대장암 환자 923명과 건강인 1846명을 대상으로 색깔별 채소 섭취량과 대장암 발생 위험을 비교 분석한 것이다. 채소와 과일을 색깔에 따라 녹색(시금치·치커리·상추·멜론·오이·브로콜리 등), 주황색·노란색(오렌지·귤·당근·호박·생강 등), 빨간색·자주색(딸기·포도·수박·토마토·피망 등), 흰색(마늘·양파·사과·배 등) 등 네 가지 그룹으로 나눈 뒤, 또 색깔별로 최다 섭취 그룹(하루 380g 이상)과 최소 섭취 그룹(하루 224.2g 미만)을 비교했다.

그 결과, 색깔에 따라 대장암 발생 위험에 차이가 뚜렷한 것으로 드러났다. 녹색 채소를 가장 많이 섭취한 그룹이 가장 적게 섭취한 그룹보다 대장암 발생 위험률이 남성은

51%, 여성은 75% 줄어들었다.
흰색 채소 역시 많이 섭취한 그
룹의 대장암 발생 위험률이 남
성은 53%, 여성은 66% 낮았
다. 이것은 주황색과 빨간색을
섭취한 그룹보다 더 뛰어난 효
과를 보이는 것인데, 우리 연구
팀은 녹색 채소와 과일에 공통

녹색과 흰색 채소가 주황색과 빨간색 채소보다 대
장암 발생 위험을 낮춘다.

적으로 들어 있는 엽산과 섬유질, 루테인 등의 성분이 암세포
의 성장을 억제하고 흰색 채소와 과일도 항암·항산화, DNA
보호 등의 효과가 있는 것으로 분석했다. 또 주황색·노란색
의 채소와 과일에는 상대적으로 당분이 많이 함유되어서 다
른 채소와 과일에 비해 대장암 예방 효과가 적은 것으로 추측
되었다.

색에 따라 효과에 차이가 있긴 하지만, 색깔을 감안하
지 않고 채소와 과일을 많이 먹으면 대장암 예방 효과가 뛰어
난 것으로 드러났다. 채소·과일의 총섭취량을 세 그룹으로
나누어 보니, 여성의 경우 채소·과일의 총섭취량이 가장 많
은 그룹과 가장 적은 그룹의 대장암 발생 위험에서 3배 차이
가 나타났다. 남자의 경우는 채소·과일 총섭취량이 가장 많
은 집단의 경우 대장암 발생률이 40% 줄어들었다.

이 논문 역시 국제 학술지인 〈세계 소화기학 저널
(World Journal of Gastroenterology)〉에 실렸는데, 채소나 과일

과 대장암의 관계에 대한 연구는 외국에서 몇 차례 있었으나 국내에서는 처음 나온 연구라는 데 의의가 컸다.

또 '단맛과 감칠맛에 둔감한 사람이 과음할 확률이 1.5배 높다'는 연구 결과도 많은 주목을 받았다. 주량이 똑같더라도 단맛과 감칠맛에 민감하지 않으면 과음을 하게 되고 소주나 와인을 선호하는 반면, 쓴맛에 둔감한 사람은 음주 위험이 25% 낮은 것으로 분석됐다. 이는 한국인 남녀 1829명의 유전자와 음주의 상관관계를 분석한 것으로 미각의 유전적 차이가 음주 성향에 영향을 미치는 것을 보여 주는 국내 첫 연구였다. 감미료가 들어가는 소주와 와인은 단맛이 나기 때문에 단맛에 덜 민감한 유전자와 관련이 있는 것으로 추정됐다. 이 결과를 바탕으로 개인별로 유전자에 따른 음주 위험도를 측정해 과음을 예방할 수 있다는 데 연구의 의의가 있었다. 국제학술지 〈식욕(Appetite)〉에 실린 이 논문은 "한국인에겐 소주에 끌리는 DNA 있다", "맛을 느끼는 유전자 차이, 주류와 음주에 영향", "막걸리·소주·와인 선호도 '미각 유전자' 따라 큰 편차" 등의 제목으로 언론에 많이 소개되었다.

'한국 전통 밥상이 대장암 위험을 60% 낮춘다'는 2016년의 연구 결과도 크게 주목을 받았다. 이 연구는 대장암 환자 923명과 일반인 1846명 등 2769명의 식습관과 대장암 위험을 비교 분석한 것으로 국제학술지 〈의학(Medicine)〉에도

한국 전통 밥상이 대장암 위험을 60% 낮춘다.

실렸다. 우리 연구팀은 참여자들에게 평소 먹는 식재료 106개를 고르게 한 뒤 이 식재료를 영양소 근원에 따라 33개 식품군으로 나누었다. 그리고 33개 식품군을 주성분이 무엇인지에 따라 분석해 한국 전통식, 적색육·가공육·탄수화물 등을 포함한 서구식, 과일·우유·유제품을 포함한 건강식 등 세 가지 식이유형으로 분류했다. 또 해당 식사 유형을 많이 먹는 사람들을 상위 33% 그룹, 적게 먹는 사람들을 하위 33% 그룹으로 분류하고 섭취량에 따른 대장암 발병 위험을 분석했더니 한국 전통식과 건강식을 높게 섭취한 그룹이 낮게 섭취한 그룹보다 대장암 발병 위험이 60% 이상 줄었다. 반면, 서구식을 높게 섭취한 그룹은 낮게 섭취한 그룹보다 2배 이상 대장암 발병 위험이 늘어났다. 그동안 대장암 발병에 영향을 미치는 단일 식품이나 단일 영양소에 대한 연구는 있었지만, 여러 영양소나 식품군 간의 상호 작용을 분석한 것은 이 연구가 처음이었다.

많은 논문이 국제적인 저널에 실리긴 했지만, 내가 쓴 모든 논문이 저널에 실리지도 않았고, 또 실린 논문들이라고 해서 한번에 수락되어 실리지도 않았다. 보통 논문을 저널에 보내면 심사를 한 뒤, 이 논문의 부족한 점에 대해 짧게는 2~3쪽, 길게는 10쪽 넘게 답변이 돌아온다. 연구를 하면서 새로운 걸 배워 나가기도 하지만 지적 사항들을 검토하면서 배우는 것도 많아서 논문 심사 과정은 또 하나의 배움의 과정이다. 그렇기에 논문을 쓰는 과정은 도전 의식과 성취감, 보람을 동시에 느끼는 여정이라고 할 수 있다.

다양한 분야와 협업하고 공동 연구를 하다

만약 학교에 계속 남았더라면 지금처럼 많은 연구 성과를 낼 수 없었을 것이다. 국립암센터는 왕성하고 꾸준한 연구가 가능하다는 장점이 있는 곳이다. 먼저 국가 기관이기 때문에 연구비를 지원받을 수 있다. 한 연구가 끝나면 또 어디서 연구비를 지원받을 수 있을지 전전긍긍하지 않고 연구에 집중할 수 있다.

국립암센터 전경

두 번째로 국립암센터 안의 다양한 전공 학자들과 협업뿐 아니라 민간 기관이나 대학, 병원과 협업도 수월하다. 국립암센터 내 연구소에는 의과대학 출신뿐만 아니라 생물학, 의공학, 화학 등 다양한 분야의 학자들이 있다. 이런 다양한 분야 학자들과 언제든지 얼굴을 맞대고 공동 연구를 할 수 있다는 건 행운이다. 내가 쓰는 논문 한 편 한 편은 환자의 혈액이나 조직을 채취해 주는 임상의와 병리학자, 자료와 정보 수집을 도와주는 정보전산팀 등의 도움이 없이 완성되기 어렵다. 국가 기관이라는 신뢰성과 중립성 때문에 다른 기관에 공동 연구를 제안했을 때도 다들 흔쾌히 응해 준다. 다른 국가 연구자들과 교류·협업도 많다. 일본암센터, 프랑스의 리옹 국제암연구소, 미국의 암연구소 등을 방문하느라 1년에 많게는 여섯 번씩 해외 출장을 다니기도 했다.

내가 참여하고 있는 '아시아코호트컨소시엄'에서는 한

국, 일본, 중국 등의 학자들이 모여 '한국인, 일본인, 중국인 이 인종적 유전자는 다르지만 뭔가 비슷한 게 있지 않을까' 하는 가설 아래 다양한 주제로 통계 분석을 해 보고 있다. 1 년에 두 번 만나 회의를 하다 보면 새롭고도 재미있는 주제가 생기고 그걸로 함께 연구해 공동 논문을 쓰기도 한다. 요즘에 는 인터넷이 발달해 꼭 만나지 않아도 화상 전화를 하고 이메 일을 주고받으며 자주 회의를 할 수 있어 교류가 더욱 활발해 졌다.

마지막으로 가장 중요한 게 방대한 자료에 대한 접근 성이다. 내가 하는 연구는 역학 연구이자 '코호트 연구'다. '코 호트'란 동일한 특성을 가지고 있는 집단을 뜻한다. 2007년 부터 국립암센터에서 내게 주어진 사명 중 하나는 암을 포함 한 다양한 질병을 검진하기 위해 방문하는 검진자 코호트를 구축하는 일이다.

2002년 문을 연 국립암센터는 인간생명윤리위원회를 만든 이후 방문 환자들을 상대로 동의서를 받아서 환자 자료 를 연구에 활용할 수 있게 하고 있다. 역학에서 가장 중요한 일은 대상자를 모으는 것인데, 이곳에는 이미 그런 기반이 확 보되어 있는 셈이다. 1년에 5000명 정도의 코호트가 만들어 지며, 현재 4만 6000명 정도의 코호트가 있다. 건강한 사람, 질병이 있는 사람, 건강했다가 질병이 생긴 사람 등의 그룹을 나누어 장기간 추적함으로써 질병의 원인을 분석할 수 있다.

환자들에게 이미 받아놓은 설문 정보, 임상 정보, 혈액이나 소변, 조직의 생체 정보 등 귀중한 자료를 활용할 수 있다. 다만, 연구를 하다 보면, 보건의료 기관 간 정보 연계화와 공유 필요성이 절실함을 느낄 때가 많다. 우리나라는 세계적으로 우수한 보건의료 빅데이터를 보유하고 있지만 기관별 데이터 공개 수준이 낮고 기관 간 연계·통합 체계가 미흡한 상황이다. 국가 차원의 전략 부재로 임상과 정책에 활용하는 데 제한적으로만 이용되고 있어 안타깝다. 하지만 꾸준한 연구비와 협업하기 좋은 환경 그리고 용이한 자료 접근성 등이 나의 연구에 든든한 뒷배경이 되어 주었다.

식품과 암의 관계

식품과 건강의 관계를 흑백 논리로 판단할 수는 없다. 특정 식품이 좋으냐, 나쁘냐를 묻는다면 답을 하기 곤란하다. 특히 암을 예방하고 치료하는 특정 식품은 없다. 암에 좋다고 특정 식품만 먹는 건 오히려 좋지 않다. 국립암센터의 조사에 따르면, 암 환자들의 61%가 영양 결핍 상태였다. 소화기 계통에 암이 생긴 경우 소화와 흡수가 제대로 되지 않아 영영 결핍에 시달리는 경우도 많았지만, 많은 환자가 '잘 먹으면 암을 더 키운다'거나 '고기를 먹으면 재발이 많다'는 생각을 해서 영양 결핍을 더 키우는 것으로 조사되었다. 식품과

콩 식품을 많이 먹으면 대장암 위험이 30% 이상 감소한다.

암의 상관관계에 대한 잘못된 편견에 따른 결과였다.

2016년에 콩 식품과 대장암의 상관관계를 연구한 내 논문의 결론은 "콩 식품을 많이 먹으면 대장암 위험이 30% 이상 감소한다"라는 것이었다. 이는 2010년 8월부터 3년간 암센터에서 대장암 진단을 받은 901명과 건강검진을 받으러 온 2669명을 대상으로 콩 식품 섭취량에 따른 대장암 발생 위험의 차이를 분석한 결과였다. 하지만 '다른 콩 식품과 달리 된장은 과다 섭취하면 오히려 대장암 발생 위험을 높인다'는 지적도 포함돼 있었다. 세계적인 건강 음식으로 알려진 된장에 대해 이런 결과를 발표하니 당연히 곳곳에서 항의가 들어왔다. 또 이는 된장이 암 예방에 도움이 된다는 여러 연구 결과와도 배치되는 것이었다.

나의 논문은 된장 자체가 대장암 발생 위험을 높이는 원인이 아니라 된장에 과하게 든 소금이 문제의 원인이라고 지적했는데, 이를 잘못 이해한 사람들의 항의였다. 그럼에도 항암식품으로 알려진 된장 역시 그 안의 소금이 부정적인 영향을 미치는 만큼, 어떤 식품도 하나의 완벽한 매직푸드가 될 수는 없다는 증거다.

나는 한국의 대표적 건강식품인 인삼과 홍삼의 효과가

과장되었다는 점을 지적하기도 했다. 17년간(1996~2013) 국제학회지에 발표된 인삼·홍삼류의 섭취와 피로회복 및 체력 향상의 관련성을 알아본 임상시험을 12편 종합해 메타분석한 결과, 인삼과 홍삼이 체력 향상에는 뚜렷한 효과가 없다는 논문을 썼다. 홍삼 같은 다양한 인삼류 보충제의 주요 성분인 사포닌을 일컫는 '진세노사이드(Ginsenoside)'는 각종 신경 전달물질의 농도를 높여 뇌를 활성하거나 에너지를 증가시켜 정신적 피로를 줄이고 육체적 활동 능력을 높일 수 있다고 일부 실험실 연구나 동물실험에서 보고됐다. 그러나 우리 연구팀이 메타분석한 결과, 인삼이나 홍삼류의 섭취가 피로 해소나 체력 향상에 도움이 된다는 임상적 근거가 부족했다.

그래서 나는 가족과 지인들에게 특정 식품이 좋다고 권하진 않지만, 나쁜 식품은 말해 준다. 단 음식, 짠 음식, 기름진 음식이 그것들이다. 그리고 규칙적이고 균형 잡힌 식사가 여전히 과학적으로 증명된 진리이다. 알코올을 제외하고 열량을 내는 3대 영양소의 균형을 맞추는 식습관이 가장 중요하다. 또 다이어트에 대해선 식단의 균형을 맞추되 가공식품을 줄이고, 단순당류를 제한해 전체 칼로리를 줄이는 게 가장 효과적이라고 일러 준다.

"어떤 음식이 몸에 좋나요?" 같은 질문을 받으면, 어쩌면 너무 평범한 답일지 모르지만 언제나 나는 "세상에 매직푸드는 없다"고 말한다.

연구가 가져다준 보람

연구는 그 자체로 기쁨을 주지만, 연구 성과가 누적
되면서 수상의 영광을 안겨주기도 했다. 논문이 암 학회지에
가장 많이 인용되면서 암 연구에 기여한 공로로 대한암학회
로부터 세 차례에 걸쳐 학술상과 우수연구자상을 받았다. 연
구 성과와 함께 일반인에게 쉬운 말로 잘 홍보해 일반인의 식
습관에 좋은 영향을 주었다는 것을 인정받아 보건복지부 장
관상도 두 차례 받았다. 그런데 여러 수상 중 2016년에 받은
'올해의 여성과학기술자상'은 전혀 예상치 못한 일이었다. 미
래창조과학부와 한국여성과학기술인지원센터는 "영양역학
연구를 통한 우리나라 응용영양학의 국제적 위상 제고 및 국
민 건강 증진에 기여했다"며 나에게 상을 주었다. 그간 이 상
은 물리, 화학, 생물, 수학 등 기초 과학 분야의 수상자를 많
이 배출했기 때문에 전혀 기대하지 않았는데, 식품영양학자
로선 처음으로 이 상을 받게 되어 가슴이 벅찼다.

그리고 국립암센터에서 지내면서 연구를 많이 할 수
있다는 것 외에 좋은 일이 하나 더 생겼다. 2014년 국립암센
터에 대학원이 생기면서 본래 내가 좋아하던 가르치는 일을
다시 하게 되었다. 국립암센터 국제암대학교대학원은 학부
전공을 막론하고 암에 대해 공부하고 싶은 학생들을 상대로
심화 학습을 하는 곳이다. 학부 전공이 보건학이나 생물학이
아닌 영문학, 국제학, 무역학 등인 학생도 역학, 종양생물학

국제암대학교대학원 졸업생들과 함께

등 새로운 학문을 접하면서 암에 대한 심도 있는 공부와 연구를 병행할 수 있는 장점이 있는 전문대학원이다. 나는 이곳에서 '영양역학', '암과 영양', '공공보건영양' 등을 가르친다. 요즘엔 유전체역학이라는 주제에 푹 빠져서 분자역학, 영양유전체학 등에 관심이 높다. 건강하게 살려면 물려받은 유전자를 잘 활용해야 하고 거기에 맞는 식품도 잘 골라 먹어야 한다. 이게 바로 맞춤영양, 정밀영양인데 이것이 요즘 뜨겁게 주목받는 분야여서 나는 공부하는 동시에 학생들에게 가르치고 있다. 내가 가르치는 지식을 스펀지처럼 흡수하는 학생들을 보면 강의를 준비하면서 신이 난다. 스리랑카, 베트남, 캄보디아, 몽골 등 동남아시아 지역 학생들도 많이 입학하는데, 자국에 돌아가 교수나 의료인으로 자리 잡는 것을 볼 때마다 가르치는 직업의 매력을 느낀다.

시대와 소통하는 살아 있는 학문

흔히 4차 산업혁명이라 하면 전자 제품이나 기계 영역에서 일어날 변화라고 생각하기 쉽지만, 식품영양학도 IT 기술과 융합되면서 이들 못지않게 거대한 변화를 겪을 분야이다. 그래서 지금보다 더 할 일이 많아질 분야가 바로 식품영양학이다.

식품영양학은 시대에 따라 변화무쌍한 흐름을 탄 학문이다. 1960년대부터 4년제 대학 안에 생긴 식품영양학과는 한때 전국 100여 개 대학에 설치되기도 했다. 내가 이화여자대학교에 입학한 1986년에 식품영양학은 가정대학 소속으로 전통적인 여성상에 필요한 학문으로서 식품영양학을 가르쳤다. 당시 가정대에는 아동학과와 의류학과가 포함되어 있었는데, 아동학과와 의류학과는 문과생을 받고, 식품영양학과는 이과생을 받았다.

시대가 흐르면서 식문화가 중요해지자 식품영양학에는 인문학적 관점도 중요하게 도입되었다. 내가 졸업할 즈음엔 소속 단과대학 이름이 '가정과학대학'으로 바뀌고 그다음엔 '생활환경대학', '건강과학대학'으로 바뀌더니 요즘엔 '신산업융합대학'으로 바뀌었다. 학과명도 식품공학이나 조리과학 등으로 다양하게 파생되어 나갔다. 또 요즘은 문·이과 구분 없이 교차 지원을 받기도 한다. 그만큼 식품영양학을 바라보는 관점도 바뀌고, 식품영양학의 비전도 바뀐 것이다. 융·복합 시대인 요즘에는 공대나 의대와 연계하는 교과목이 많아졌고, 학문 간 소통도 풍부해졌다.

특히 4차 산업혁명이 일어나고 있는 지금은 과거에 상상 또는 꿈속에서나 존재할 법한 일들이 실제로 일어나고 있다. 인공지능(AI) 수학 모델과 알고리즘을 적용하여 만성질환 환자를 위한 맞춤형 식단 관리 서비스가 가능해졌다. 사용자(환자) 신체 정보, 혈압, 혈당, 자주 먹는 시간, 식사 시간, 음식을 씹는 시간, 음식 섭취량, 운동량 등을 입력하면 질병 치료와 예방에 최적화된 음식을 알려 준다. 손목형 밴드와 벨트를 이용하고 모바일 앱으로 현재 건강 상태 추이를 분석해 몸에 좋은 음식과 조리법까지 알려 준다. 당장 먹을 음식도 사진을 찍어 전송하면 푸드 센서와 클라우드 기반 개인 맞춤 분석 엔진과 데이터베이스를 활용해 음식의 칼로리와 영양소를 계산해서 수치를 알려 준다. 이것이 바로 인공지능 식단 컨설턴트다.

신기술의 발달로 식품영양학이 의학·공학 등과 접목돼 우리의 식생활을 크게 바꿀 것으로 예상된다. 식품영양학은 대학과 연구소에만 갇혀 있는 학문이 아니라 시대의 변화와 함께 호흡하고 교류하는 살아 있는 학문이라는 점이 무엇보다도 매력적이다.

나는 영양학과 오믹스(OMICS)를 연계한 빅데이터 연구에 관심이 많다. 앞으로 오믹스 자료를 계속 모아서 한 그림으로 통합하고 싶은 욕심이 있다. 오믹스는 지노믹스(유전체학), 프로테오믹스(단백체학), 메타볼로믹스(대사체학), 메타지노믹스(미생물체학) 등을 포괄하는 개념이다. 유전이건, 단백질이건, 대사체건, 미생물체건 영양은 우리가 먹는 것도 중요하지만 몸에서 어떻게 소화되고 흡수되고 대사되어 나가는지를 보는 게 중요하다. 그걸 통합해서 보는 것이 바로 오믹스이며, 이로써 식습관과 질병의 인과관계를 더 잘 설명할 수 있다.

국립암센터에 와서 처음 2~3년은 자료들을 모으고 정제하는 과정이었고, 그 뒤로는 자료의 통계 분석 과정을 거친 후 의미 있는 결과를 도출하여 논문을 생산해 내는 시기였다. 조각들을 모아 조각보라는 하나의 멋진 예술품을 완성하듯이, 이제는 각각의 흩어져 있는 자료들을 연결해 하나의 멋진 명화를 탄생시키고 싶다. 국립암센터의 데이터베이스를 바탕으로 생활 습관 정보와 유전 정보, 임상 정보를 연계해 개인에 적합한 맞춤영양과 정밀영양 연구를 더 심화할 것이다. 또 예방의학과 보건학, 만성질환 관리에 대한 관심도 놓치지 않을 것이다.

선배 학자들은 신기술과 식품영양학의 결합에 크게 주목하지 못했다. 또 시대의 큰 변화를 목도하고 있는 30~40대 주니어급 교수들은 연구에 대한 열정은 크지만 연구비가 적다. 선배 그룹과 후배 그룹의 중간에 위치한 나는 어마어마한 기술의 발전을 연구에 접목할 수도 있었고, 국가 기관에 속한 덕분에 꾸준한 연구비로 연구를 할 수 있었다. 그 덕에 진주들을 캘 수 있었다고 생각한다. 앞으로는 이 분야에 관심 있는 학생들과 연구자들의 협업 아래 그 진주들을 잘 꿰어 멋진 목걸이를 만들고 싶다.

박사 과정부터 따져도 연구자로서 삶이 23년째 이어지고 있다. 다른 곳에 눈 돌리지 않고 한길을 걸어올 수 있었던 것은 부모님의 영향을 받았다고 생각한다. 4남매의 둘째였던 나는 위로 언니가 한 명, 아래로 남동생이 두 명 있다. 의사와 약사였던 아버지와 어머니는 일하랴 4남매를 키우랴 늘 바쁘셨다.

지방 출신으로 서울에 올라와 가정을 꾸린 부모님은 늘 시간을 허투루 쓰는 일 없이 성실하고 최선을 다하는 삶의 모범이 되어 주셨다. 많은 형제 사이에서 중간에 태어난 아이들이 대개 그러하듯, 나도 부모님의 관심을 더 받고자 뭐든 잘하려고 애쓰는 스타일이었다. 공부와 운동, 피아노와 아코디언 연주, 그림 그리기, 서예, 주산에 이르기까지 뭐든 열심히 해서 두드러지고 싶었다. 어린 시절에는 남동생들과 야구도 열심히 했는데, 그 덕에 초등학교, 중학교 때는 학교 대표 육상선수가 되기도 했고, 세명대 교수 시절에도 교직원 대표로 나서서 달리기 선수로 뛰기도 했다.

　　성실하고 꾸준하게 그리고 그 속에서 내가 좀 더 열정을 기울여 연구를 해 왔다면, 거기에는 나도 모르게 물려받은 부모님의 근면한 태도가 바탕이 되지 않았나 싶다. 누군가 나에게 연구자가 지닐 자질을 물어본다면, 앞서 말한 성실한 태도에 호기심이라는 요소를 하나 더 꼽고 싶다. 반드시 빛나는 논문으로 이어지지 않더라도 호기심은 연구를 시작하게 하는 동력이다. 호기심은 연구를 계속하게 만들기도 한다. 내 주위에서 일어나는 일에 눈과 귀를 활짝 열고 궁금증을 품어 보자. 호기심은 그 자체로 재미를 느끼게 해 주는 연구의 핵심이다.

음식과 암 예방

채소와 과일을 많이 섭취하면 대장암, 위암, 직장암, 폐암, 인두암의 예방에 확실한 효과가 있으며, 유방암과 방광암, 췌장암, 후두암의 예방에도 관련이 있는 것으로 알려져 있다.

국제암연구소(IARC)에서 암 예방을 위해 권장하는 과일과 채소의 최소 섭취량은 하루 600g이다. 이는 과일과 채소의 다양한 성분들이 골고루 우리 몸에 들어갔을 때 암 예방에 좋다는 여러 연구 결과에 따른 것이다. 그러나 암 예방에 특별히 좋은 과일이나 채소가 따로 있는 건 아니기 때문에 여러 채소와 과일을 두루 섭취해야 한다. 채소와 과일에 들어 있는 비타민A, 항산화비타민(베타카로틴, 비타민C, 비타민E 등), 비타민B_6, 엽산, 무기질, 섬유소 그리고 피토케미컬(식물에 함유된 자연 화합물) 등이 암의 위험을 줄이는 것으로 알려져 있다.

✤ 채소와 과일의 섭취를 늘리는 방법 ✤

★ 매끼 식사 때 김치 외에 채소 반찬을 두세 가지 이상 먹는다.

★ 국은 되도록 채소 국으로 하며, 국물보다 건더기를 충분히 먹는다.

★ 고기나 생선 반찬을 먹을 때마다 반드시 채소 반찬을 함께 먹는다.

★ 장아찌나 조림보다는 나물이나 생채 형태로 조리한다.

비타민과 암의 관계

비타민은 주요 영양소는 아니면서도 우리 몸의 정상적인 성장과 생리 작용을 유지하는 데 반드시 필요한 유기화합물이다. 비교적 소량만 필요하지만 체내에서는 생성되지 않는다. 비타민은 암 예방에 도움을 줄 수 있으나, 적정량보다 많이 섭취했을 때의 안정성과 영향을 아직 확실하게 알지 못하기 때문에 일상의 식생활에 특별한 문제가 없는 경우라면 영양 보충제보다는 채소나 과일 등에서 충분히 섭취하는 편이 낫다.

미국 국립암연구소에서 5년간 추적 조사를 한 결과, 일주일에 일곱 가지 이상의 종합 비타민제를 먹은 사람이 그러지 않은 사람에 비해 전립선암(전립샘암)의 발병률이 30% 이상 높게 나타났다. 비타민E(토코페롤)의 경우, 종류에 따라 우리 몸에 미치는 영향이 다르다. 쥐를 대상으로 한 실험에서 옥수수 또는 콩에 함유된 감마토코페롤 성분은 세포를 파괴했으나 올리브기름이나 아몬드, 해바라기씨와 겨자씨의 알파토코페롤은 그런 작용이 없는 것으로 나타났다. 또 비타민C가 암을 악화시킬 수 있다는 연구 결과가 발표되었다.

비타민A를 과량 섭취할 경우엔 임신부의 기형아 출산 가능성이 증가하고, 비타민B는 손발 저림·감각 이상 등의 증상이 나타나며, 비타민D는 식욕부진·오심·구토 등의 증상을, 비타민E는 응고 기능 방해로 출혈을 일으킬 수 있다. 특히 노인이나 알코올 의존성 환자 등은 미량의 종합비타민제를 복용해도 독성이 나타날 수 있으므로 주의가 필요하다.

짠 음식과 암의 관계

소금이나 소금에 절인 음식은 위암에 걸릴 확률을 높이는 것으로 추정된다. 실제로 소금에 절인 음식을 많이 먹는 아시아 국가들에서 위암 발생률이 높다고 보고되었다. 한국인을 대상으로 한 연구에서도 짠 음식을 좋아하는 사람은 그렇지 않은 사람에 비해 위암 발생 위험이 10% 정도 높게 나타났다. 일본에서 소금 섭취량과 위암 발병률을 연구한 결과, 젓갈류가 위암을 일으킬 확률이 가장 높았는데 이는 위암이 소금 총량보다 농도에 더 영향을 받기 때문이다.

소금 자체는 발암 물질이 아니지만, 고농도의 소금이 위 점막의 세포를 지속적으로 손상하면 음식 속의 발암 물질들이 손상된 세포에 더 잘 흡수되므로, 그 점만으로도 위암에서는 소금이 간접적 발암 물질이라 할 수 있다.

한국인은 세계보건기구(WHO) 권장량의 3배가 넘는 소금을 섭취하고 있다. 비록 소금이 위암 발생에 영향을 미치는 기전은 정확히 밝혀지지 않았지만, 위암을 예방하려면 소금 섭취를 줄이는 것이 좋다.

식품영양학을
전공하면…

　식품영양학 전공자가 가장 먼저 생각해볼 수 있는 진로는 '영양사'다. 영양사란, 국민의 급식관리 및 영양서비스를 수행하는 전문인으로 영양사에도 많은 종류가 있다. 임상영양사, 급식관리영양사, 보건영양사, 상담영양사 등이 있다.

　임상영양사는 병원 등 의료 관련기관에서 질병치료와 예방을 위하여 급식 및 영양관리를 한다. 급식관리영양사는 급식대상자에게 균형있는 음식물 공급을 위하여 식단을 계획하고, 조리 및 공급을 감독하는 일을 한다. 보건영양사는 공중보건영양적인 관점에서 지역사회의 영양개선 계획이나 실시 면에서 활동하고 있는 영양사다. 상담영양사는 건강진단센터, 체중조절센터 등에서 환자의 영양상태를 조사하여 영양교육을 실시하고, 질병치료 및 예방을 위해 영양 상담을 한다.

　영양사가 되기 위해선 영양사 국가고시를 통과해야 한다. 식품이나 영양 관련한 전공자에게만 국가고시 응시 기회가 주어지기 때문에 식품영양학 전공자라면 영양사 자격증에 도전해볼 만하다. 시험 과목은 영양학, 생화학, 식품학, 관련 법규 등이다.

　영양학 교직 이수를 하고 영양사 자격증을 딴 뒤, 임용고시에 합격하면 영양교사가 될 수 있다. 영양교사는 교원 공무원으로서, 일반 교사와 같은 처우가 보장된다. 영양교사는 학생들의 기호, 영양가, 조리능력, 비용 등을 바탕으로 급식운영 계획을 수립하고 식단표를 작성하며, 식품 재료를 선정하고 검수, 관리한다. 학생 및 학부모를 대상으로 영양 상담을 실시하고 학생들에게 식사예절 교육을 실시하기도 한다.

　씨제이(CJ)나 오뚜기, 풀무원와 같은 식품 대기업에 취업해 신제품을 개발하거나 제품을 평가하고 판촉마케팅을 하는 분야에서도 역량을 발휘할 수 있다. 1인 가구가 늘어나면서, 반조리제품이나 조리제품의 소비가 급증하고 있어, 이 분야의 전망도 밝다. 언론에 관심이 있다면 신문사 혹은 방송국 기자 혹은 작가로 일하면서 식품 관련 기사를 작성하거나 프로그램을 제작할 수도 있다. 또 농촌진흥청, 한국식품연구원, 식품의약품안전처 등과 같은 공공기관에서 일할 수도 있다.

학부를 졸업한 뒤 더 깊이 있는 공부를 위해 식품영양학, 보건학, 의학 등의 국내외 대학원에 진학해 학자나 연구자의 길을 걸을 수도 있다.

○ 작가 후기

과학이 어디에 쓰일지는 알 수 없지만 무언가 새로운 것을 알
아내는 학문이라면, 공학은 반드시 어디에 쓰겠다는 목적을
가지고 무언가를 연구하는 학문이다. 과학이 자연과 사물의
이치를 발견함으로써 진리에 한 발짝 다가가는 기쁨이 있다
면, 공학은 우리 삶의 질과 복지를 향상하는 데 보람이 있다.

　　대학에서는 물리학을 전공한 뒤 석·박사 과정에서
의공학을 전공한 이레나 교수는 과학과 공학의 차이를 이렇
게 설명하기도 했다. 과학에서는 원주율(파이)을 3.141592
65358979…로 최대한 길고 정확하게 써야 하지만, 공학에서
는 3.14로 간단히 정리하고 적용하기 시작한다고. 그것이 공
학의 매력이라고 이레나 교수는 말했다.

　　이 책의 전작인《과학 하는 여자들》에서는 생명과학자
김빛내리 서울대 생명과학부 교수, 미생물학자 이홍금 전 극
지연구소장, 법과학자 정희선 전 국립과학수사연구원 원장
등 과학자들의 삶과 연구를 다루었다면, 이번《공학 하는 여
자들》에서는 산업공학자 손소영 연세대 정보산업공학과 교
수, 전자공학자 임혜숙 이화여대 전자전기공학과 교수, 환경
공학자 최진희 서울시립대 환경공학부 교수, 의공학자 이레

나 이화여대 의대 교수 등 공학자들이 주인공이다. 식품영양
학자 김정선 국립암센터 국립암대학원대학교 교수는 공학자
는 아니지만, 공학처럼 우리 삶과 직결된 실용적이고 응용적
인 학문을 한다는 점은 동일하다.

　　이번 책의 주인공들은 모두 자신의 연구와 개발이 우
리 실생활과 직접 연결되고 반영되며 영향을 미치는 게 매
력이자 보람이라고 입을 모은다. 산업공학자 손소영 교수
의 가장 큰 업적은 중소기업 기술금융지원을 위한 모형인
'KTRS(K-Technology Rating System)'를 개발한 것이다. 1998
년부터 축적된 1만 1000여 건의 데이터를 활용해 다양한 통
계적 검증과 데이터마이닝 기법을 바탕으로 개발된 이 시스
템은 기업의 재정이나 과거 실적보다 기술력에 기초해 미래
의 성공 가능성을 평가하는 것으로, 중소기업의 부실 금융 문
제를 획기적으로 해결해 해외 기관과 대학에서까지 큰 주목
을 받았다. 의공학자 이레나 교수는 치과 영상 촬영 장비, 산
부인과 전기수술 장비 등 50개가 넘는 의료기기를 개발해 질
병을 좀 더 빠르고 정확하게 발견하고 치료하는 데 기여했다.
환경공학자 최진희 교수는 신소재로 각광받는 나노물질의 독
성을 연구하고, 인체독성학까지 확대해 인간의 생명과 직결
되는 연구에 몰두해 왔다. 전자공학자 임혜숙 교수는 세계적
인 벨 연구소와 시스코 등에서 통신용 칩을 개발함으로써 통
신 기술 발전에 기여한 화려한 경력을 가지고 있다. 김정선
교수는 채소부터 소주까지 한국인의 음식과 식습관에 관련된

논문을 170여 편 썼으며 그 논문들은 바로바로 언론에 소개되어 우리의 식탁을 바꾸고 있다.

또 이번 책의 많은 저자가 대학 시절 전공이 적성에 맞지 않아 공학을 만나기까지 방황을 좀 했다는 점도 흥미롭다. 손소영 교수는 그토록 원했던 수학과에 진학했지만 지리멸렬한 이론 수학에 지쳐 자퇴를 고민할 정도로 힘든 학부 시절 보내다 산업공학을 접하고 '물 만난 고기'처럼 공학에 빠져들었다. 최진희 교수도 학부의 생물학 전공이 맞지 않아 고민 끝에 '생물학 쪽으로 경력을 쌓지는 않겠다'며 실험실을 나왔다. 같은 과 학생들 대부분이 실험실에서 실험하고 논문을 쓸 때였다. 이들은 학부 때 전공이 맞지 않아 방황을 좀 하더라도 자신의 길을 찾아갈 수 있다는 걸 보여 주는 롤 모델이다.

많은 공학자가 특별히 이과 성향이 강하지 않았고, 문·이과 통합적 성향이 강했다는 점도 눈길을 끈다. 임혜숙 교수는 평소 책 읽기를 즐겨하며 일기 등 글쓰기를 좋아한다. 고등학교 3학년 때는 이과이면서도 법대 교차 지원을 고민했을 정도였고, 지금까지도 법학에 관심이 많다. 모든 과목을 두루 좋아했던 최진희 교수는 "좋게 말하면 문·이과 성향을 고루 가지고 있고, 나쁘게 말하면 특별히 뛰어난 게 없었다"라고 말한다. 손소영 교수는 영국 유학 시절에 빠져든 박물관 관람 경험을 들려주며, 문화 예술 체험으로 우뇌와 좌뇌가 만날 때 상상력과 아이디어가 샘솟을 수 있다고 강조한다.

우리 생활과 직결된 무언가를 개발한다는 것이 인간의

삶과 사회와 동떨어져 생각될 수 없기 때문에 공학자에겐 문과적 성향도 동시에 요구되는 것 같다. 즉 연구실에서 실험에만 몰두한다고 좋은 공학자가 되는 게 아니라 연구실 밖에서 시대와 호흡하면서 동시대의 문제를 고민할 때 좋은 공학자가 될 수 있다. 그런 점에서 큰 그림과 맥락 속에서 과학과 기술을 볼 줄 아는 '여성'이 공학에 더 맞는다고 일부 공학자들은 주장하기도 한다.

이 책은 저자들과 서면 인터뷰를 먼저 진행한 뒤, 그 자료를 바탕으로 대면 인터뷰를 다시 진행해 초고를 작성했다. 메디치미디어 정소연 편집부장과 함께 다듬은 초고를 저자들과 서너 차례 주고받으며 최종본을 완성했다. 바쁜 가운데 인터뷰와 원고 수정은 물론 어린 시절 사진까지 찾아내 생생한 책을 만들도록 도와주신 저자들께 감사드린다.

여성의 숫자가 적기에, 그래서 더욱 여성이 할 일이 많은 공학 분야에 여성들이 도전하는 데 이 책이 조금이나마 도움이 되길 간절히 바란다.

만리재에서
김아리

작가
후기
●

공학 하는 여자들

손소영 · 임혜숙 · 최진희
이레나 · 김정선 지음

초판 1쇄 2017년 11월 25일 발행
초판 3쇄 2020년 11월 13일 발행

ISBN 979-11-5706-106-8 (03400)

만든사람들

편집기획	한국여성과총
정리	김아리
디자인	곽은선
일러스트	최광렬
마케팅	김성현 김규리
인쇄	한영문화사

펴낸이	김현종
펴낸곳	(주)메디치미디어
경영지원	전선정 김유라
등록일	2008년 8월 20일 제300-2008-76호
주소	서울시 종로구 사직로 9길 22 2층
전화	02-735-3308
팩스	02-735-3309
이메일	medici@medicimedia.co.kr
페이스북	facebook.com/medicimedia
인스타그램	@medicimedia
홈페이지	www.medicimedia.co.kr

본 출간 사업은 2017년 과학기술정보통신부(여성과학기술인
육성·지원사업)의 지원을 받아 제작되었습니다.